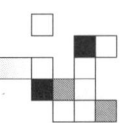

はじめに

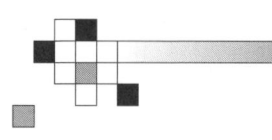

　『1対1対応の演習』シリーズは，入試問題から基本的あるいは典型的だけど重要な意味を持っていて，得るところが大きいものを精選し，その問題を通して

　　　　入試の標準問題を確実に解ける力

をつけてもらおうというねらいで作った本です．

　さらに，難関校レベルの問題を解く際の足固めをするのに最適な本になることを目指しました．

　そして，入試の標準問題を確実に解ける力が，問題を精選してできるだけ少ない題数（本書で取り上げた例題は53題です）で身につくように心がけ，そのレベルまで，

　　　　効率よく到達してもらうこと

を目標に編集しました．

　以上のように，受験を意識した本書ですが，教科書にしたがった構成ですし，解説においては，高1生でも理解できるよう，分かりやすさを心がけました．学校で一つの単元を学習した後でなら，その単元について，本書で無理なく入試のレベルを知ることができるでしょう．

　なお，教科書レベルから入試の基本レベルの橋渡しになる本として『プレ1対1対応の演習』シリーズがあります．また，数ⅠAⅡBを一通り学習した大学受験生を対象に，入試の基礎を要点と演習で身につけるための本として「入試数学の基礎徹底」（月刊「大学への数学」の増刊号として発行）があります．

　問題のレベルについて，もう少し具体的に述べましょう．入試問題を10段階に分け，易しい方を1として，

　　1～5の問題……A（基本）
　　6～7の問題……B（標準）
　　8～9の問題……C（発展）
　　10の問題………D（難問）

とランク分けします．この基準で本書と，本書の前後に位置する月刊「大学への数学」の増刊号

　「入試数学の基礎徹底」（「基礎徹底」と略す）
　「新数学スタンダード演習」（「新スタ」と略す）
　「新数学演習」（「新数演」と略す）

のレベルを示すと，次のようになります．（濃い網目のレベルの問題を主に採用）

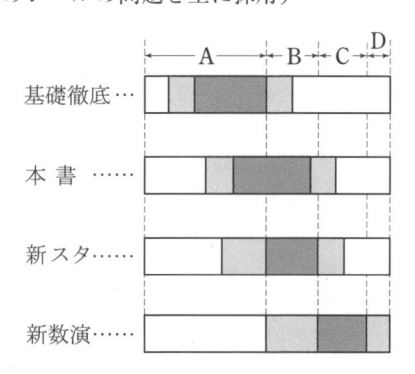

	A	B	C	D
基礎徹底…				
本　書……				
新スタ……				
新数演……				

　本書を活用して，数Ⅰの入試への足固めをしていってください．

　皆さんの目標達成に本書がお役に立てれば幸いです．

本書の構成と利用法
坪田三千雄

　本書のタイトルにある'1対1対応'の意味から説明しましょう．

　まず例題(四角で囲ってある問題)によって，例題のテーマにおいて必要になる知識や手法を確認してもらいます．その上で，例題と同じテーマで1対1に対応した演習題によって，その知識，手法を問題で適用できる程に身についたかどうかを確認しつつ，一歩一歩前進してもらおうということです．この例題と演習題，さらに各分野の要点の整理（4ページまたは2ページ）などについて，以下，もう少し詳しく説明します．（なお，本書では，数ⅠAに限定すると窮屈なときは，無理に限定せず，数Ⅱ等の内容に一部踏み込んでいます．）

　要点の整理：　その分野の問題を解くために必要な定義，用語，定理，必須事項などをコンパクトにまとめました．入試との小さくはないギャップを埋めるために，一部，教科書にない事柄についても述べていますが，ぜひとも覚えておきたい事柄のみに限定しました．

　例題：　原則として，基本〜標準の入試問題の中から
・これからも出題される典型問題
・一度は解いておきたい必須問題
・幅広い応用がきく汎用問題
・合否への影響が大きい決定問題
の53題を精選しました（出典のないものは新作問題，あるいは入試問題を大幅に改題した問題）．そして，どのようなテーマかがはっきり分かるように，一題ごとにタイトルをつけました（大きなタイトル／細かなタイトルの形式です）．なお，問題のテーマを明確にするため原題を変えたものがありますが，特に断っていない場合もあります．

　解答の**前文**として，そのページのテーマに関する重要手法や解法などをコンパクトにまとめました．前文を読むことで，一題の例題を通して得られる理解が鮮明になります．入試直前期にこの部分を一通り読み直すと，よい復習になるでしょう．

　解答は，試験場で適用できる，ごく自然なものを採用し，計算は一部の単純計算を除いては，ほとんど省略せずに目で追える程度に詳しくしました．また解答の右側には，傍注（⇦ではじまる説明）で，解答の補足や，使った定理・公式等の説明を行いました．どの部分についての説明かはっきりさせるため，原則として，解答の該当部分にアンダーライン（——）を引きました（容易に分かるような場合は省略しました）．

　演習題：　例題と同じテーマの問題を選びました．例題よりは少し難し目ですが，例題の解答や解説，傍注等をじっくりと読みこなせば，解いていけるはずです．最初はうまくいかなくても，焦らずにじっくりと考えるようにしてください．また横の枠囲みをヒントにしてください．

　そして，例題の解答や解説を頼りに解いた問題については，時間をおいて，今度は演習題だけを解いてみるようにすれば，一層確実な力がつくでしょう．

　演習題の解答：　解答の最初に各問題のランクなどを表の形で明記しました（ランク分けについては前ページを見てください）．その表にはA*，B*○というように*や○マークもつけてあります．これは，解答を完成するまでの受験生にとっての"目標時間"であって，*は1つにつき10分，○は5分です．たとえばB*○の問題は，標準問題であって，15分以内で解答して欲しいという意味です．高1生にとってはやや厳しいでしょう．

　ミニ講座：　例題の前文で詳しく書き切れなかった重要手法や，やや発展的な問題に対する解法などを1〜2ページで解説したものです．

　コラム：　その分野に関連する興味深い話題の紹介です．

　本書で使う記号など：　上記で，問題の難易や目標時間で使う記号の説明をしました．それ以外では，
⇨注は初心者のための，➡注はすべての人のための，➡注は意欲的な人のための注意事項です．

1対1対応の演習 数学Ⅰ 新訂版

目次

- 数と式　　　　坪田三千雄 ……………………………… 5
- 2次関数　　　坪田三千雄 ……………………………… 29
- 集合と論理　　坪田三千雄 ……………………………… 67
- 図形と計量　　石井　俊全 ……………………………… 85
- データの分析　飯島　康之 ……………………………… 107

ミニ講座
1. 文字定数に慣れよう ……………………………… 28
2. 定数分離はエライ ………………………………… 64
3. 逆手流 ……………………………………………… 66
4. ひし形を折り曲げてできる四面体 …………… 105

超ミニ講座
- 不等式は恐い！ …………………………………… 9
- グラフの対称移動 ………………………………… 33

コラム
- 推理できるとは …………………………………… 84

数と式

タイトルは「数と式」ですが，1次方程式，1次不等式，1次関数等もここで扱うことにします．集合と論理は独立した章にして扱います．

■ 要点の整理　　　　　　　　　　　　　　　　　　　　　　　6

■ 超ミニ講座　不等式は恐い！　　　　　　　　　　　　　　9

■ 例題と演習題
　1　展開／公式の応用　　　　　　　　　　　　　　　　　10
　2　因数分解／2次式　　　　　　　　　　　　　　　　　11
　3　因数分解／3次以上　　　　　　　　　　　　　　　　12
　4　因数分解／置き換え，複2次式，$x^3+y^3+z^3-3xyz$　　13
　5　式の値／有理化，二重根号，根号のはずし方　　　　　14
　6　式の値／対称式　　　　　　　　　　　　　　　　　　15
　7　式の値／1文字消去，次数下げ　　　　　　　　　　　16
　8　1次方程式・不等式／絶対値つきを解くなど　　　　　17
　9　連立1次方程式／連立方程式の解の存在条件　　　　　18
　10　1次不等式／解の存在条件，整数解の個数　　　　　　19
　11　絶対値つき関数／折れ線（具体的）　　　　　　　　　20
　12　絶対値つき関数／折れ線（文字定数入り）　　　　　　21

■ 演習題の解答　　　　　　　　　　　　　　　　　　　　22

■ ミニ講座・1　文字定数に慣れよう　　　　　　　　　　28

数と式
要点の整理

タイトルは「数と式」ですが，1次方程式，1次不等式，1次関数もここで扱うことにします．

1．展開と因数分解

1・1 指数法則

a は 0 でない実数，m, n が整数のとき，次が成立．

$a^0=1$, $a^{-n}=\dfrac{1}{a^n}$, $a^m a^n=a^{m+n}$, $(a^m)^n=a^{mn}$, $(ab)^n=a^n b^n$

1・2 公式

$(a+b)^2=a^2+2ab+b^2$ ……①
$(a-b)^2=a^2-2ab+b^2$ ……②
$(a+b)(a-b)=a^2-b^2$（和×差 は平方の差） ……③
$(ax+b)(cx+d)=acx^2+(ad+bc)x+bd$ ……④
$(a+b)^3=a^3+3a^2b+3ab^2+b^3$ ……⑤
$(a-b)^3=a^3-3a^2b+3ab^2-b^3$ ……⑥
$(a+b)(a^2-ab+b^2)=a^3+b^3$ ……⑦
$(a-b)(a^2+ab+b^2)=a^3-b^3$ ……⑧
$(a+b+c)^2=a^2+b^2+c^2+2ab+2bc+2ca$ ……⑨
$(a+b+c)(a^2+b^2+c^2-ab-bc-ca)$
 $=a^3+b^3+c^3-3abc$ ……⑩

* *

左辺から右辺を導くことを「展開する」，右辺から左辺を導くことを「因数分解する」という．

なお，④の展開については，公式を丸暗記するというより，右の計算手順を押さえておこう．

$(ax+b)(cx+d)$ ― 2次の係数，定数項，1次の係数

1・3 ⑧の一般形

$(a-b)(a^{n-1}+a^{n-2}b+a^{n-3}b^2+\cdots+ab^{n-2}+b^{n-1})$
$=a^n-b^n$

特に，$(x-1)(x^{n-1}+x^{n-2}+\cdots+x+1)=x^n-1$

また，⑦の一般形は，n が奇数のとき，

$(a+b)(a^{n-1}-a^{n-2}b+a^{n-3}b^2-\cdots-ab^{n-2}+b^{n-1})$
$=a^n+b^n$

特に，$(x+1)(x^{n-1}-x^{n-2}+\cdots-x+1)=x^n+1$

1・4 因数定理

因数定理は数Ⅱで学ぶが，因数分解と密接な関係があるので，ここで紹介しておくことにする．

まず整式の割り算を説明する．整数の割り算の場合，a を b で割った商が q で余りが r のとき，

$a=qb+r$ $(0\leqq r<b)$

と表せ，q と r は 1 つに定まった．整式の場合もほぼ同様である．整式 $f(x)$, $g(x)$ が与えられたとき，

$f(x)=Q(x)g(x)+R(x)$

($Q(x)$, $R(x)$ は整式で，$R(x)$ は $g(x)$ より低次) を満たす $Q(x)$, $R(x)$ がただ 1 組存在する．

$Q(x)$, $R(x)$ をそれぞれ，$f(x)$ を $g(x)$ で割ったときの商，余り（剰余）という．

[剰余の定理]

整式 $f(x)$ を $x-a$ で割った余りは $f(a)$ である．

（証明） $f(x)$ を $x-a$ で割った商を $Q(x)$ とする．1次式で割るから，余りは定数で，それを R とすると，

$f(x)=(x-a)Q(x)+R$

これに $x=a$ を代入して，$R=f(a)$ を得る．∥

これから，次の因数定理が得られる．

[因数定理]

$f(a)=0 \iff$ 整式 $f(x)$ は $x-a$ を因数にもつ
 $(f(x)$ は $x-a$ で割り切れる$)$

（証明） 剰余の定理により，

$f(a)=0 \iff f(x)$ を $x-a$ で割った余りが 0
 $\iff f(x)$ は $x-a$ で割り切れる ∥

2．対称式・交代式

x と y についての整式 P で，x と y を入れ替えたときの整式が，

 P のままであるものを，(x, y) **対称式**
 $-P$ となるものを，(x, y) **交代式**

という．例えば，$f(x, y)=x^3+xy+y^3$ のときは，x と y を入れ替えた式は，$y^3+yx+x^3=f(x, y)$ であるから，$f(x, y)$ は対称式である．$g(x, y)=x^3-y^3$ のときは，入れ替えた式は，$y^3-x^3=-g(x, y)$ であるから，$g(x, y)$ は交代式である．

また，x, y, z についての整式で，$x^3+y^3+z^3$ のように，3文字 x, y, z のどの 2 文字を入れ替えても元の式

と同じになるものを，x, y, z の対称式という．

2・1 基本対称式

x, y の対称式のうち，とくに $x+y$ と xy を x, y の基本対称式という．x, y の対称式は基本対称式で表せる．例えば，$x^2+y^2=(x+y)^2-2xy$ である．

また，x, y, z の対称式のうち，とくに $x+y+z$, $xy+yz+zx$, xyz を x, y, z の基本対称式という．x, y, z の対称式は，基本対称式で表せる．

対称式は必ず基本対称式を用いて表せる

のである．

2・2 x, y の交代式は $x-y$ を因数にもつ

x, y の整式 P を交代式とする．例えば $P=x^3+x^2y-xy^2-y^3$ を考えよう．これを x の整式と見て $f(x)$ とおく．x に y を代入すると
$$f(y)=y^3+y^2\cdot y-y\cdot y^2-y^3=0$$
よって，因数定理により，$f(x)(=P)$ は $x-y$ を因数にもつ．これは，交代式一般について成り立つ．

3. 実数

3・1 有理数・無理数・実数

$\dfrac{m}{n}$（m, n は整数）と表すことのできる数を有理数という．2つの有理数の和，差，積，商は有理数である．このことを「有理数の集合は四則演算について閉じている」という（0で割ることは定義されていない）．

整数でない有理数を小数で表すと，$\dfrac{1}{4}=0.25$ のように有限小数になる場合と，$\dfrac{1}{22}=0.04545\cdots=0.04\dot{5}\dot{5}$ のように無限小数になる場合がある．有理数が無限小数になるとき，必ず循環小数になる．逆に，循環小数は分数の形に表すことができる．具体的には，例えば $a=0.\dot{1}\dot{3}$ のとき，
$$100a=13.\dot{1}\dot{3}=13+a \quad \therefore \quad a=\dfrac{13}{99}$$
と分数で表すことができる．

有理数でない実数を無理数という．無理数を小数で表すと循環しない無限小数になる．

実数の集合もまた，四則演算について閉じている．（なお0で割ることは定義されていない）

3・2 "係数"比較

a, b, c, d が有理数，j が無理数のとき，
$$a+bj=c+dj \cdots\cdots ① \iff a=c \text{ かつ } b=d$$
（証明）① $\iff a-c=(d-b)j$ である．$d-b\neq 0$ とすると，$j=\dfrac{a-c}{d-b}$ となり，この右辺は有理数であるが，左辺は無理数で矛盾．よって，$d-b=0$ で，すると $a-c=0$ である．// （背理法（☞ p.69）による）

3・3 数直線と絶対値

実数 x は数直線上の1点として表される．そして，数直線上の原点 O（実数0に対応する点）と x との距離のことを x の絶対値といい，記号 $|x|$ で表す．

上図から分かるように，

$x\geqq 0$ のとき，$|x|=x$, $x<0$ のとき，$|x|=-x$
また $|x-y|$ は，数直線上の2点 x, y の距離を表す．

3・4 絶対値の性質

- $|x|\geqq 0$. 等号成立は，$x=0$ のときのみ．
- $|-x|=|x|$
- $x^2=|x|^2$, $|xy|=|x||y|$, $\left|\dfrac{x}{y}\right|=\dfrac{|x|}{|y|}$
- $a>0$ のとき，
  $|x|=a \iff x=\pm a$
  $|x|<a \iff -a<x<a$
  $|x|>a \iff x<-a$ または $a<x$
  （なお，$|x|\leqq |y| \iff -|y|\leqq x\leqq |y|$）
- $|x+y|\leqq |x|+|y|$. 等号成立は，x, y が同符号か，少なくとも一方が 0 のとき．

3・5 平方根の性質

- $a\geqq 0$ のとき，$(\sqrt{a})^2=a$, $\sqrt{a}\geqq 0$

- $a \geqq 0$ のとき, $\sqrt{a^2} = a$
  $a < 0$ のとき, $\sqrt{a^2} = -a$ 　まとめて $\sqrt{a^2} = |a|$
- $a \geqq 0$, $b \geqq 0$ のとき, $\sqrt{ab} = \sqrt{a}\sqrt{b}$
- $a \geqq 0$ のとき, $\sqrt{k^2 a} = |k|\sqrt{a}$

3・6 分母の有理化

$$\frac{1}{\sqrt{a} \pm \sqrt{b}} = \frac{\sqrt{a} \mp \sqrt{b}}{(\sqrt{a} \pm \sqrt{b})(\sqrt{a} \mp \sqrt{b})} = \frac{\sqrt{a} \mp \sqrt{b}}{a-b}$$

（複号同順： $\pm$ と $\mp$ の上側だけを採用した式と，下側だけを採用した式の2つの式を表す）

3・7 二重根号のはずし方

$\sqrt{A \pm 2\sqrt{B}}$ の二重根号を解消するには，
$$A = a+b, \quad B = ab$$
となる正の有理数 $a, b\,(a \geqq b)$ を見つけると，
$A \pm 2\sqrt{B} = a + b \pm 2\sqrt{ab} = (\sqrt{a} \pm \sqrt{b})^2$ により，
$\sqrt{A \pm 2\sqrt{B}} = \sqrt{a} \pm \sqrt{b}$ （複号同順，$a \geqq b$）

このような有理数 a, b が存在しなければ二重根号は解消できない（はずれない）．

4. 式の値を求める際に用いる手法

4・1 等式の条件（1次式）が与えられたとき

例えば，「$a+b+c=0$ ……① のとき，$a^3+b^3+c^3-3abc$ の値を求めよ」とか「①のとき，$a^3+b^3+c^3=3abc$ を示せ」といわれたら，条件式①から，どれか1文字を消去するのが原則（1文字消去の原則）である．例えば，$c = -(a+b)$ として，c を消去する．

なお，条件式も求値式も対称式である問題では，1文字消去をせず，対称性をこわさずに式変形していくことで解決できれば，計算が少なくて済む．

4・2 次数下げ

例えば，「$f(x) = x^3 - x^2 - 4x - 1$ のとき，$f(1+\sqrt{3})$ を求めよ」というとき，そのまま計算するのは上手くない．$\alpha = 1+\sqrt{3}$ とおくと，$\alpha - 1 = \sqrt{3}$
$\therefore \ (\alpha-1)^2 = 3 \quad \therefore \ \alpha^2 = 2\alpha + 2$

これを用いて，計算式中に α^2 が出てくるたびに $2\alpha+2$ に置き換えると，α の何次式でも α の1次（以下の）式に直せる．このことを利用するのがよい．
$$\alpha^3 = \alpha^2 \cdot \alpha = (2\alpha+2)\alpha = 2\alpha^2 + 2\alpha$$
$$= 2(2\alpha+2) + 2\alpha = 6\alpha + 4$$
よって，$f(\alpha) = \alpha^3 - \alpha^2 - 4\alpha - 1$
$$= (6\alpha+4) - (2\alpha+2) - 4\alpha - 1 = 1$$

5. 連立1次方程式

x, y の連立1次方程式 $\begin{cases} ax+by=e \\ cx+dy=f \end{cases}$ は，

$ad-bc \neq 0$ ならばただ1組の解があり，$ad-bc=0$ ならば，解は無数にあるか，全くないかである．（詳しくは☞例題9．また，$a \sim f$ は定数であり，この扱い方については☞p.28）

6. 不等式

6・1 不等式の基本性質

- $a < b \implies a+c < b+c, \ a-c < b-c$
- $a < b, \ c > 0 \implies ac < bc, \ \dfrac{a}{c} < \dfrac{b}{c}$
- $a < b, \ c < 0 \implies ac > bc, \ \dfrac{a}{c} > \dfrac{b}{c}$

  （負の数を掛けたり，負の数で割ったりすると，不等号の向きが反対になることに注意）
- $a < b, \ b < c \implies a < c$
- $x^2 \geqq 0$ （実数の重要性質．等号は $x=0$ のみ）

6・2 不等式で間違いやすい変形

$$a < b, \ c < d \implies a+c < b+d$$
は正しい．しかし，
$$a < b, \ c < d \implies a-c < b-d$$
は間違いである．不等式を単純に引くことはできないのである．$c < d$ のとき，$-d < -c$ であるから，
$$a < b, \ c < d \implies a+(-d) < b+(-c)$$
が正しい変形である．

また，$a < b, \ c < d \implies ac < bd$
も間違いである．例えば，$-2 < -1$ と $1 < 3$ の場合に $-2 \times 1 < -1 \times 3$ とすると，$-2 < -3$ と間違ってしまう．正しい変形は，
$$0 \leqq a < b, \ 0 \leqq c < d \implies ac < bd$$

さらに，右の超ミニ講座を見よ．

7. 関数

7・1 関数の定義

2つの変数 x, y があって，x の値を定めるとそれに対応して y の値がただ1つ定まるとき，y は x の関数であるという．このとき，$y=f(x)$ などと表す．また，関数 $y=f(x)$ を，単に関数 $f(x)$ ともいう．関数 $y=f(x)$ において，$x=a$ に対応する y の値を $f(a)$ と書き，$f(a)$ を関数 $f(x)$ の $x=a$ における値という．関数 $f(x)$ に対し，x の取る値の範囲を関数の定義域，x の値に対応して y の取る値の範囲を関数の値域という．また，定義域が与えられた関数を『$y=f(x)$ $(a \leq x \leq b)$』のように表すことが多い．

7・2 関数のグラフ

関数 $y=f(x)$ に対して，座標平面上で，点 $(x, f(x))$ の全体からなる図形を，この関数のグラフと言う．点 (a, b) がこのグラフ上にある条件は，$b=f(a)$ が成り立つことである．

7・3 絶対値のグラフ

$y=|f(x)|$ のグラフは，$y=f(x)$ のグラフで x 軸より下側を x 軸に関して折り返したものである．

7・4 増加関数・減少関数

$y=f(x)$ について，定義域内の x が増えるとつねに y も増えるとき，この関数を増加関数という（x が増えるとつねに y が減るとき，減少関数という）．
例えば1次関数 $f(x)=ax+b$（グラフは直線）は，$a>0$ のとき増加関数，$a<0$ のとき減少関数である．
$f(x)$ $(a \leq x \leq b)$ が増加 or 減少関数なら，値域は
$$\min\{f(a), f(b)\} \leq f(x) \leq \max\{f(a), f(b)\}$$
というように，定義域の両端点での値によって決まる．
（$\min\{\ \}$, $\max\{\ \}$ はそれぞれ $\{\ \}$ 内の最小，最大のものを表す）

7・5 1次方程式とグラフ

1次方程式 $f(x)=0$ の解が $p<x<q$ の範囲にあるための条件は
$$f(p) \cdot f(q)<0$$

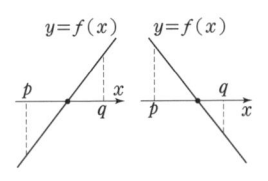

超ミニ講座・不等式は恐い！

不等式としては正しい変形をしているのに，答えを間違えてしまう恐い問題を紹介しよう．

[問題]
$-1 \leq x+y \leq 3$, $-5 \leq x-y \leq 1$ のとき，$3x+y$ の取り得る値の範囲を求めよ．

解? $-1 \leq x+y \leq 3 \cdots$①, $-5 \leq x-y \leq 1 \cdots$② から，まず x, y の取り得る値の範囲を求める．
(①+②)÷2 により，$-3 \leq x \leq 2$ ………③
②×(−1) により，$5 \geq -x+y \geq -1$
∴ $-1 \leq -x+y \leq 5$ ………②′
(①+②′)÷2 により，$-1 \leq y \leq 4$ ………④
③×3+④ により，$-10 \leq 3x+y \leq 10$ ………⑤

*   *

これに対して，①×2+② を作ると，
$$-7 \leq 3x+y \leq 7$$
となり，違った答え（実はこれが正しい答え）が出て来てしまう．

⑤は，$3x+y$ に関する大小の不等式としては正しいのだが，$3x+y$ は $-10 \sim 10$ の値をすべて取り得るわけではないのだ．実際，⑤で $3x+y=10$ となるには，③, ④により $x=2$ かつ $y=4$ でなければならないが，これは①を満たさないので，$3x+y=10$ となることはないのである．

こんなことが起きた理由は，{①かつ②}を満たす点 (x, y) の集まりと，{③かつ④}を満たす点 (x, y) の集まりを，異なっているのに同じと扱っていることによる（{①かつ②} ⟹ {③かつ④} は成り立つ）．実際に図示してみると下のようになる．

図1 {①かつ②}   図2 {③かつ④} $(2, 4)$ は図1を満たさない

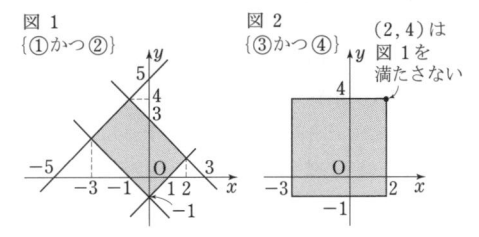

(x, y) は図1の網目部分しか動かないのに，上の **解?** では図2の網目部分を動くとしてしまっているから間違い，というわけである．

（なお，上の[問題]は，数学IIで学ぶ線形計画法を使って解くことが多い．）

1 展開／公式の応用

（1） $(a-b+c)^2-(a-b-c)^2$ を展開せよ． （静岡理工科大）

（2） $(a-b)^2+(b-c)^2+(a+c)^2-(a-b+c)^2$ を展開せよ． （獨協大）

（3） $(x+1)(x+2)(x+3)(x+4)$ を展開せよ． （札幌学院大）

（4） $(a-1)^2(a+1)^2(a^2+1)^2$ を展開せよ． （山梨学院大）

（5） $(a+b+c)(-a+b+c)(a-b+c)(a+b-c)$ を展開せよ． （京都産大・文系）

かたまりを利用して展開 例えば $(a+b)(c+d)$ の展開は，$(a+b)(c+d)=a(c+d)+b(c+d)$ というようにバラしていけば必ずできるが，その単純操作のスピードが速いからといって計算力があるとはいえない．公式を利用する際に，簡単になる形に着目したり，式の特徴を生かしてかたまりを利用したりすることで省力化を図って計算できる力の方がより重要である．

例えば（3）では，$(x+1)(x+4)$，$(x+2)(x+3)$ という組合せで展開すれば，ともに x^2+5x が現れ，これをかたまりと見る工夫ができる．

掛け算の順番を変える 例えば（4）では，$(a-1)^2(a+1)^2=\{(a-1)(a+1)\}^2=(a^2-1)^2$ として，$(A+B)(A-B)=A^2-B^2$ の公式が使えるようにする．

■解答■

（1） $(a-b+c)^2-(a-b-c)^2=\{(a-b)+c\}^2-\{(a-b)-c\}^2$
$=4(a-b)c=\boldsymbol{4ac-4bc}$

⇔ $(A+B)^2-(A-B)^2=4AB$
⇔ $a-b$ をかたまりと見た．

（2） $(a-b)^2-(a-b+c)^2=(a-b)^2-\{(a-b)+c\}^2$
$=-2(a-b)c-c^2=-2ac+2bc-c^2$ ……………①
$(b-c)^2+(a+c)^2=(b^2-2bc+c^2)+(a^2+2ac+c^2)$ ……………②

⇔ 与式の第1項と第4項を組合せて展開すると $(a-b)^2$ がキャンセルされて簡単になることに着目．

であるから，
与式＝①＋②＝$\boldsymbol{a^2+b^2+c^2}$

（3） $(x+1)(x+4)=x^2+5x+4$，$(x+2)(x+3)=x^2+5x+6$
であるから，x^2+5x をかたまりと見て，
与式＝$\{(x^2+5x)+4\}\{(x^2+5x)+6\}=(x^2+5x)^2+10(x^2+5x)+24$
$=\boldsymbol{x^4+10x^3+35x^2+50x+24}$

（4） $(a-1)^2(a+1)^2(a^2+1)^2=\{(a-1)(a+1)\times(a^2+1)\}^2$
$=\{(a^2-1)(a^2+1)\}^2=(a^4-1)^2=\boldsymbol{a^8-2a^4+1}$

⇔ $A^2B^2C^2=(ABC)^2$ を活用．

（5） $(a+b+c)(-a+b+c)(a-b+c)(a+b-c)$
$=\{a+(b+c)\}\{-a+(b+c)\}\times\{a-(b-c)\}\{a+(b-c)\}$
$=\{-a^2+(b+c)^2\}\{a^2-(b-c)^2\}$
$=-a^4+\{(b+c)^2+(b-c)^2\}a^2-\{(b+c)(b-c)\}^2$
$=-a^4+2(b^2+c^2)a^2-(b^2-c^2)^2$
$=\boldsymbol{-a^4-b^4-c^4+2a^2b^2+2b^2c^2+2c^2a^2}$

⇔ a について整理．

○1 演習題（解答は p.22）

つぎの式を展開せよ．

（1） $(a+b+c)^2-(b+c-a)^2+(c+a-b)^2-(a+b-c)^2$ （九州東海大・工）

（2） $(x+y+2z)^3-(y+2z-x)^3-(2z+x-y)^3-(x+y-2z)^3$ （山梨学院大）

（3） $(x^2+xy+y^2)(x^2+y^2)(x-y)^2(x+y)$ （山形大・工）

> どの2つの（ ）の組合せがよいのか，何をかたまりと見るのがよいのか考えよう．

◆2 因数分解／2次式

つぎの式を因数分解せよ．
(1) $(a-b+c-1)(a-1)-bc$ （酪農学園大・酪農，環境）
(2) $4x^2-13xy+10y^2+18x-27y+18$ （北海学園大・工）
(3) $(x+2y)(x-y)+3y-1$ （東北学院大・文系）

【因数分解では最低次の文字について整理する】 2文字以上が現れる式の因数分解の原則は，最低次の文字（複数あるときはどれか1つの文字）について整理することである．一般に，次数の低い式の方が因数分解しやすい．

【x, y の2次式の因数分解】 原則に従えば，x か y について整理するところであるが，(3)において $(x+2y)(x-y)$ を展開して整理するのはソンである．「$x+2y$」「$x-y$」を用いて解答のように「たすきがけ」をすればよい．(2)も，x, y の2次式の部分を因数分解すれば同様にできる（☞別解）．

【慣習】 因数分解せよ，という問題では，特に指示がない限り，係数が有理数の範囲で因数分解する．

▓解 答▓

(1) まず c について整理することにより，
$$与式=\{c(a-1)+(a-b-1)(a-1)\}-bc$$
$$=(a-b-1)c+(a-b-1)(a-1)=(\boldsymbol{a-b-1})(\boldsymbol{a+c-1})$$

⇦ 与式は a については2次だが，b や c については1次．

(2) まず x について整理することにより，
$$与式=4x^2-(13y-18)x+(10y^2-27y+18)$$
$$=4x^2-(13y-18)x+(2y-3)(5y-6) \cdots\cdots①$$
$$=\{x-(2y-3)\}\{4x-(5y-6)\}$$
$$=(\boldsymbol{x-2y+3})(\boldsymbol{4x-5y+6})$$

⇦ $\begin{matrix}2 \\ 5\end{matrix} \times \begin{matrix}-3 \\ -6\end{matrix} \to -27$

⇦ $\begin{matrix}1 \\ 4\end{matrix} \times \begin{matrix}-(2y-3) \\ -(5y-6)\end{matrix} \to -(13y-18)$

➡注 ①におけるたすきがけで，試行錯誤するのを避けるためには，
$$①=\{ax-(2y-3)\}\{bx-(5y-6)\}$$
とおき，展開して係数比較すればよい．x の係数は（y は定数と見る），
$-\{(5a+2b)y-(6a+3b)\}$ となり，$-(13y-18)$ と一致するので，
$5a+2b=13,\ 6a+3b=18$．これを解いて $\underline{a=1,\ b=4}$ となる．

⇦ このとき，x^2 の係数も一致する．

(3) 与式 $=\{(x+2y)-1\}\{(x-y)+1\}$
$$=(\boldsymbol{x+2y-1})(\boldsymbol{x-y+1})$$

⇦ $\begin{matrix}x+2y \\ x-y\end{matrix} \times \begin{matrix}-1 \\ 1\end{matrix} \to 3y$

【別解】(2) [x, y の2次式の部分をまず因数分解して，(3)と同様に解くと]
$$4x^2-13xy+10y^2=(x-2y)(4x-5y)$$
であるから，
$$与式=(x-2y)(4x-5y)+(18x-27y)+18$$
$$=\{(x-2y)+3\}\{(4x-5y)+6\}$$
$$=(\boldsymbol{x-2y+3})(\boldsymbol{4x-5y+6})$$

⇦ $\begin{matrix}1 \\ 4\end{matrix} \times \begin{matrix}-2 \\ -5\end{matrix} \to -13$

⇦ $\begin{matrix}x-2y \\ 4x-5y\end{matrix} \times \begin{matrix}3 \\ 6\end{matrix} \to 18x-27y$

◐2 演習題 （解答は p.22）

(1) $(x-y)(x+y)-z(z+2y)$ を因数分解せよ． （北海道薬大）

(2) $3a+2b+ab+6$ を因数分解すると ▢ である．また，
$xy+xz+y^2+yz+3x+5y+2z+6$ を因数分解すると ▢ である． （岐阜聖徳学園大）

(3) $8x^2-18y^2+10x+21y-3$ を因数分解せよ． （静岡産大）

> (3)は，例題(2)と同様に，2通りのやり方がある．

● 3 因数分解／3次以上

(1) $x^3-(a+3)x^2+(3a+2)x-2a$ を因数分解せよ． (広島工大)
(2) $xy(x-y)+yz(y-z)+zx(z-x)$ を因数分解せよ． (実践女子大)
(3) $(a+b)c^3-(a^2+ab+b^2)c^2+a^2b^2$ を因数分解せよ． (白鷗大・経営)
(4) $18(ab^2+bc^2+ca^2)-12(a^2b+b^2c+c^2a)-19abc$ を因数分解せよ． (法政大・人間環境)

【因数分解では最低次の文字について整理する】 前問で述べているが，もう一度まとめておこう．
 2文字以上が現れる因数分解の問題では，たいてい出題されている式はある基準で整理されている．しかし，その形のままが因数分解しやすいとは限らない．
 (1)は x についての3次式だが，a については1次．3次より1次の方が簡単なのは明白．2文字以上が現れる式の因数分解の原則は，最低次の文字について整理である．特殊な場合を除いて，その最低次の文字については，1次か2次になっている（3次でなく2次なら，たすきがけなどでなんとかなる）．

≡ 解 答 ≡

(1) まず a について整理することにより，
 与式 $=-(x^2-3x+2)a+x^3-3x^2+2x$
   $=(x^2-3x+2)(-a+x)=\boldsymbol{(x-1)(x-2)(x-a)}$

⇔ a の1次式が因数分解されるなら，a の係数に共通因数が入っているはず．

(2) まず x について整理することにより，
 与式 $=(y-z)x^2-(y^2-z^2)x+yz(y-z)$
   $=(y-z)\{x^2-(y+z)x+yz\}=\boldsymbol{(y-z)(x-y)(x-z)}$

(3) まず a について整理することにより，
 与式 $=(b^2-c^2)a^2+(c^3-bc^2)a+bc^3-b^2c^2$
   $=(b-c)(b+c)a^2+c^2(c-b)a+bc^2(c-b)$
   $=(b-c)\{(b+c)a^2-c^2a-bc^2\}$ ……①
   $=(b-c)(a-c)\{(b+c)a+bc\}$
   $=\boldsymbol{(b-c)(a-c)(ab+ac+bc)}$

⇔ $a \Rightarrow x$ とすると見やすいだろう．
①の $\{\ \}$ の中は，
 $(b+c)x^2-c^2x-bc^2$
となる．これを
⇔ $\begin{array}{c} 1 \\ b+c \end{array} \times \begin{array}{c} -c \\ bc \end{array} \to -c^2$
として「たすきがけ」した．

➡注 ①の $\{\ \}$ の中は，a, c については2次であるが，b については1次．そこで，$\{\ \}$ の中を $\underline{b\text{について}}$ 整理して因数分解すると，
 $\{\ \}=(a^2-c^2)b+a^2c-ac^2=(a-c)(a+c)b+ac(a-c)$
   $=(a-c)\{(a+c)b+ac\}=(a-c)(ab+bc+ac)$

⇔ 一般に，2次式より1次式の因数分解のほうがラク（係数の共通因数でくくるだけ）．

(4) まず a について整理することにより，
 与式 $=(18c-12b)a^2+(\underline{18b^2-12c^2-19bc})a+18bc^2-12b^2c$
   $=-6(2b-3c)a^2+(18b^2-19cb-12c^2)a-6bc(2b-3c)$
   $=-6(2b-3c)a^2+(2b-3c)(9b+4c)a-6bc(2b-3c)$
   $=-(2b-3c)\{6a^2-(9b+4c)a+6bc\}$
   $=-(2b-3c)(3a-2c)(2a-3b)$ （これを答えにしてもよい）
   $=\boldsymbol{(2a-3b)(2b-3c)(2c-3a)}$

⇔ 係数を b について整理し a の係数が因数分解できないかと考える．
⇔ $\begin{array}{c} 2 \\ 9 \end{array} \times \begin{array}{c} -3 \\ 4 \end{array} \to -19$
⇔ $\begin{array}{c} 3 \\ 2 \end{array} \times \begin{array}{c} -2c \\ -3b \end{array} \to -(9b+4c)$

━━━ ○3 演習題 (解答は p.22) ━━━

つぎの式を因数分解せよ．
(1) $2ax^3+(a^2-2ab-2)x^2-(a^2b+a-2b)x+ab$ (東京都市大)
(2) $(a+b+c)^3-a^3-b^3-c^3$ (摂南大・法，外，経情)
(3) $(x+1)(y+1)(xy+1)+xy$ (神戸薬大)
(4) $a^4+b^4+c^4-2a^2b^2-2a^2c^2-2b^2c^2$ (横浜市大・医)

(2) まずは $(a+b+c)^3-a^3$ を処理しよう．

4 因数分解／置き換え，複2次式，$x^3+y^3+z^3-3xyz$

（1） $(x^2+2x+5)(x^2+2x-3)+7$ を因数分解すると，$(x^2+\Box x+\Box)(x^2+\Box x-\Box)$ となる．また，$(x^2+x+2)(x^2+5x+2)+3x^2$ を因数分解すると，$(x^2+\Box x+\Box)(x^2+\Box x+\Box)$ となる． (東京工芸大)

（2） $x(x+8)(x-1)(x-9)+1260$ を因数分解せよ． (国士舘大)

（3） x^4+3x^2+4 を因数分解せよ． (札幌大)

（4） $x^3-y^3-z^3-3xyz$ を因数分解せよ． (武蔵大)

置き換えで工夫をする 展開はかたまりを利用しよう，と述べたが，かたまりを利用するのは展開だけではない．(1)(2)は，かたまりを置き換えることで2次式の因数分解に帰着させることができる．

$x^2+90x+1961$ の因数分解は平方完成を利用 掛けて1961，足して90となる2数の組を探すのは大変である．こんなときは「平方完成」(☞p.30)を活用するのが便利である．
$$x^2+90x+1961=(x+45)^2-45^2+1961=(x+45)^2-8^2=\{(x+45)+8\}\{(x+45)-8\}$$
このように「平方の差」の形になり，機械的に処理できる．(解の公式を使う方法もある．☞p.23)

複2次式 x^4+2ax^2+b のように，x^2についての2次式のことを複2次式という．実数係数の複2次式は必ず，実数係数の範囲内で2次式の積の形で表せる (☞注)．

問題を解く際のポイントは，x^4 の項と定数項で"平方完成"することである．

$x^3+y^3+z^3-3xyz$ $x^3+y^3+z^3-3xyz=(x+y+z)(x^2+y^2+z^2-xy-yz-zx)$ 〔公式〕

解答

（1）〔前半は x^2+2x，後半は x^2+2 をかたまりと見る．〕
前半$=\{(x^2+2x)+5\}\{(x^2+2x)-3\}+7=(x^2+2x)^2+2(x^2+2x)-8$
$=\{(x^2+2x)+4\}\{(x^2+2x)-2\}=\boldsymbol{(x^2+2x+4)(x^2+2x-2)}$ ⇐有理数係数ではここまで．
後半$=\{(x^2+2)+x\}\{(x^2+2)+5x\}+3x^2=(x^2+2)^2+6x(x^2+2)+8x^2$
$=\{(x^2+2)+4x\}\{(x^2+2)+2x\}=\boldsymbol{(x^2+4x+2)(x^2+2x+2)}$

（2）与式$=\underline{x(x-1)}\cdot\underline{(x+8)(x-9)}+1260$ ⇐x^2-x がかたまりで現れるように組み替えた．
$=(x^2-x)(x^2-x-72)+1260=(x^2-x)^2-72(x^2-x)+1260$
$=\{(x^2-x)-36\}^2-36^2+1260=(x^2-x-36)^2-6^2$ ⇐$36^2=1296$
$=\{(x^2-x-36)+6\}\{(x^2-x-36)-6\}=\underline{(x^2-x-30)(x^2-x-42)}$ ⇐これを答えとしないように．
$=\boldsymbol{(x-6)(x+5)(x-7)(x+6)}$

（3）与式$=(x^4+4x^2+4)-x^2=(x^2+2)^2-x^2=\boldsymbol{(x^2+x+2)(x^2-x+2)}$ ⇐平方の差にもちこむ．$(a^2-b^2=(a+b)(a-b))$

　⇒注　一般のxの複2次式については，
$$x^4+2ax^2+b=\begin{cases}(x^2+\sqrt{b})^2-2(\sqrt{b}-a)x^2 & (\sqrt{b}>a)\\(x^2+a)^2-(a^2-b) & (a^2\geqq b)\end{cases}$$
のどちらかの変形によって，平方の差の形になり，2次式の積の形で表せる．(<u>$a<0$ かつ $a^2\geqq b\geqq 0$</u> の場合はどちらの変形も可能)

この場合は
$(x^2-\sqrt{b})^2-2(-\sqrt{b}-a)x^2$
⇐の変形によっても可能．

（4）与式$=x^3+(-y)^3+(-z)^3-3x(-y)(-z)$
$=\boldsymbol{(x-y-z)(x^2+y^2+z^2+xy-yz+zx)}$

⇐$x\Rightarrow x$，$y\Rightarrow -y$，$z\Rightarrow -z$ として，前文の公式を適用．

○4 演習題 (解答は p.23)

つぎの式を因数分解せよ．

（1） $(x^2+2x-35)(x^2+6x-27)+143$ (広島修道大)

（2） x^4+64 (愛知大)

（3） $x^3-27y^3+9xy+1$ (西南学院大・法，人)

> (1) まずは2つの( )内を因数分解してみよう．

● 5 式の値／有理化，二重根号，根号のはずし方

(ア) $\dfrac{1}{2+\sqrt{2}+\sqrt{5}}$ の分母を有理化すると ☐ となる． （武蔵大）

(イ) $\sqrt{18-8\sqrt{2}}$ の整数部分を a，小数部分を b とする．b の値を 2 重根号を用いずに表すと $b=$ ☐ である． （南山大・数理情報）

(ウ) x が実数のとき，$\sqrt{x^2-2x+1} - \sqrt{x^2+4x+4}$ を簡単にせよ． （福岡工大（推薦））

【分母の有理化】 $\dfrac{1}{\sqrt{a}\pm\sqrt{b}} = \dfrac{\sqrt{a}\mp\sqrt{b}}{(\sqrt{a}\pm\sqrt{b})(\sqrt{a}\mp\sqrt{b})} = \dfrac{\sqrt{a}\mp\sqrt{b}}{a-b}$ （複号同順） …… Ⓐ

$\dfrac{1}{\sqrt{a}+\sqrt{b}+\sqrt{c}}$ の場合，$\dfrac{\sqrt{a}+\sqrt{b}-\sqrt{c}}{\{(\sqrt{a}+\sqrt{b})+\sqrt{c}\}\{(\sqrt{a}+\sqrt{b})-\sqrt{c}\}} = \dfrac{\sqrt{a}+\sqrt{b}-\sqrt{c}}{a+b-c+2\sqrt{ab}}$

とし，さらにⒶの変形をすれば分母を有理化できる．

【二重根号】 二重根号を解消するには，まずはルートの前を 2 にして $\sqrt{A\pm 2\sqrt{B}}$ の形に直す．次に，$A=a+b$，$B=ab$ ($a\geq b$) となる正の有理数 a，b を見つけ，

$\sqrt{A\pm 2\sqrt{B}} = \sqrt{a+b\pm 2\sqrt{ab}} = \sqrt{(\sqrt{a}\pm\sqrt{b})^2} = \sqrt{a}\pm\sqrt{b}$ （複号同順）とする（「二重根号をはずす」という）．このような有理数 a，b が存在しなければ二重根号ははずれない．

【$\sqrt{3}$ の小数部分は $\sqrt{3}-1$】 $\sqrt{3}=1.732\cdots$ により，$\sqrt{3}$ の小数部分は $0.732\cdots$ であるが，このようにすると行き詰ってしまう．「$\sqrt{3}$ の小数部分 $=\sqrt{3}-1$」（整数部分を引く）のように扱う．

【文字式の根号】 $\sqrt{A^2}=A$ とは限らないことに要注意．$\sqrt{A^2}=|A|$ である．

≡ 解 答 ≡

(ア) 与式 $=\dfrac{1}{(2+\sqrt{2})+\sqrt{5}} = \dfrac{2+\sqrt{2}-\sqrt{5}}{\{(2+\sqrt{2})+\sqrt{5}\}\{(2+\sqrt{2})-\sqrt{5}\}}$

$= \dfrac{2+\sqrt{2}-\sqrt{5}}{(2+\sqrt{2})^2-5} = \dfrac{2+\sqrt{2}-\sqrt{5}}{4\sqrt{2}+1} = \dfrac{(2+\sqrt{2}-\sqrt{5})(4\sqrt{2}-1)}{(4\sqrt{2}+1)(4\sqrt{2}-1)}$

$= \dfrac{8\sqrt{2}-2+8-\sqrt{2}-4\sqrt{10}+\sqrt{5}}{(4\sqrt{2})^2-1} = \dfrac{\boldsymbol{6+7\sqrt{2}+\sqrt{5}-4\sqrt{10}}}{\boldsymbol{31}}$

(イ) $\sqrt{18-8\sqrt{2}} = \sqrt{18-2\sqrt{32}} = \sqrt{(\sqrt{16}-\sqrt{2})^2}$

$= \sqrt{16}-\sqrt{2} = 4-\sqrt{2}$ ($=4-1.41\cdots = 2.5\cdots$)

したがって，$a=2$，$b=(4-\sqrt{2})-a = \boldsymbol{2-\sqrt{2}}$

⇔ まず $\sqrt{18-8\sqrt{2}}$ ($=x$ とおく) の二重根号をはずし，a を求め，b は $b=x-a$ として求める．

➡ 注 $\sqrt{2}$ の近似値を用いないときは，次のようにする．

$1<\sqrt{2}<2$ により，$2<4-\sqrt{2}<3$ ∴ $a=2$

(ウ) 与式 $=\sqrt{(x-1)^2}-\sqrt{(x+2)^2} = |x-1|-|x+2|$ …… ①

⇔ $|x-1|=\begin{cases} x-1 & (x\geq 1) \\ -(x-1) & (x\leq 1) \end{cases}$

$|x+2|=\begin{cases} x+2 & (x\geq -2) \\ -(x+2) & (x\leq -2) \end{cases}$

$x\geq 1$ のとき，① $=(x-1)-(x+2)=\boldsymbol{-3}$

$-2\leq x\leq 1$ のとき，① $=-(x-1)-(x+2)=\boldsymbol{-2x-1}$

$x\leq -2$ のとき，① $=-(x-1)+(x+2)=\boldsymbol{3}$

═══ ●5 演習題（解答は p.23）═══

(ア) $\sqrt{3-\sqrt{5}}$，$\dfrac{1}{\sqrt{3+\sqrt{13+\sqrt{48}}}}$ を簡単にせよ． （順に，千葉科学大，実践女子大）

(イ) $x=\dfrac{1+a^2}{2a}$ ($a>0$) のとき，$a\left(\dfrac{\sqrt{x+1}-\sqrt{x-1}}{\sqrt{x+1}+\sqrt{x-1}}\right)$ を a で表せ． （自治医大）

(イ) まず分母を有理化する手もある．

● 6 式の値／対称式

(ア) $a+b=2\sqrt{2}$, $a^2+b^2=10$ のとき, ab の値は ____ , a^3+b^3 の値は ____ , a^5+b^5 の値は ____ である. 　　　　　　　　　　　　　　　　　　　　　　　　　　　　　　（北里大・獣医, 海洋）

(イ) $x+y+z=0$, $xy+yz+zx=-10$, $xyz=-4\sqrt{3}$ のとき, $x^2+y^2+z^2$, $x^3+y^3+z^3$ の値を求めよ.　　　　　　　　　　　　　　　　　　　　　　　　　　　　　　　　　　　　　　　（松山大・法）

(ウ) $a+b+c=3$, $ab+bc+ca=1$, $abc=-1$ のとき, $a^2+b^2+c^2=$ ____ , $(a+b)(b+c)(c+a)=$ ____ である. 　　　　　　　　　　　　　　　　　　　　　　　　　　　　　　（愛知工大）

対称式と基本対称式 2文字 x, y に関する整式 P で x と y を入れ替えたとき, 項を並べ替えれば全体として元の式 P と同じになるものを対称式という（例えば $P=x^2+x+y+y^2$）. x と y の対称式は $x+y$ と xy で表すことができる. $x+y$ と xy を x と y の基本対称式という.

同様に, 3文字 x, y, z に関する対称式（どの2文字を入れ替えても元と同じになる整式）は, 基本対称式 $x+y+z$, $xy+yz+zx$, xyz で表せる.

　　　　対称式は必ず基本対称式を用いて表せる

ので, 対称式の値を求めるには, その対称式を基本対称式で表し, 基本対称式の値から求めればよい.

≡ 解 答 ≡

(ア) $ab=\dfrac{1}{2}\{(a+b)^2-(a^2+b^2)\}=\dfrac{1}{2}(8-10)=-1$ であり,

$a^3+b^3=(a+b)^3-3ab(a+b)=(2\sqrt{2})^3+3\cdot 2\sqrt{2}=\mathbf{22\sqrt{2}}$

$a^5+b^5=(a^2+b^2)(a^3+b^3)-(a^2b^3+b^2a^3)$

　　　　$=(a^2+b^2)(a^3+b^3)-(ab)^2(a+b)=10\cdot 22\sqrt{2}-2\sqrt{2}=\mathbf{218\sqrt{2}}$

⇐ $(a+b)^3=a^3+3a^2b+3ab^2+b^3$
　　　　　$=a^3+b^3+3ab(a+b)$

(イ) $x^2+y^2+z^2=(x+y+z)^2-2(xy+yz+zx)=0+20=\mathbf{20}$

また, $x^3+y^3+z^3-3xyz=(x+y+z)(x^2+y^2+z^2-xy-yz-zx)$

であるから, $x^3+y^3+z^3+12\sqrt{3}=0\cdot(20+10)$

∴ $x^3+y^3+z^3=\mathbf{-12\sqrt{3}}$

➡注　$(t-x)(t-y)(t-z)=t^3-(x+y+z)t^2+(xy+yz+zx)t-xyz$
　　　　　　　　　　　　　　$=t^3-10t+4\sqrt{3}$

この両辺に $t=x$, y, z を代入し, 辺々加えると, $x^3+y^3+z^3$ が求まる.

⇐ 3乗については, この公式で解決する（$x^4+y^4+z^4$, $x^5+y^5+z^5$ などの値を求めるには, 3次方程式（数II）を作って次数下げをするところである（☞注））.

⇐ $0=x^3+y^3+z^3-10(x+y+z)+3\cdot 4\sqrt{3}$
により, $x^3+y^3+z^3=-12\sqrt{3}$

(ウ) $a^2+b^2+c^2=(a+b+c)^2-2(ab+bc+ca)=3^2-2\cdot 1=\mathbf{7}$

次に, $a+b+c=3$ により, $a+b=3-c$ などとなるから,

　$(a+b)(b+c)(c+a)=(3-c)(3-a)(3-b)$

$=3^3-3^2(a+b+c)+3(ab+bc+ca)-abc$

$=3^3-3^3+3\cdot 1+1=\mathbf{4}$

○6 演習題 （解答は p.24）

(ア) $a+\dfrac{1}{a}=\sqrt{5}$ のとき, $a+a^2+a^3+\dfrac{1}{a}+\dfrac{1}{a^2}+\dfrac{1}{a^3}=$ ____ である.　　　　　（浜松大）

(イ) $x+y=1$, $x^3+y^3=7$ であるとき, $xy=-$ ____ , $x^2+y^2=$ ____ , $x^5+y^5=$ ____ である.　　　　　　　　　　　　　　　　　　　　　　　　　　　　　　（新見公立大）

(ウ) $x+y+z=\dfrac{1}{x}+\dfrac{1}{y}+\dfrac{1}{z}=1$ のとき, $(x+y)(y+z)(z+x)=$ ____ である.
　　　　　　　　　　　　　　　　　　　　　　　　　　　　　　　（神戸女子大）

(ア) a と $\dfrac{1}{a}$ の対称式と見ることができる.

7 式の値／1文字消去，次数下げ

(ア) $a+b+c=0$ のとき，$a\left(\dfrac{1}{b}+\dfrac{1}{c}\right)+b\left(\dfrac{1}{c}+\dfrac{1}{a}\right)+c\left(\dfrac{1}{a}+\dfrac{1}{b}\right)$ の値を求めよ．

(広島文教女子大)

(イ) $x=2-\sqrt{3}$ のとき，x^3-x^2-6x-1 の値を求めよ．

(徳島大・総合科学)

等式の条件 等式の条件式が1個与えられたら，それを使ってどれか1文字を消去するのが原則的な手法である．1文字消去によって，その等式の条件はすべて反映されている（使い切っている）ので，がんばれば必ずゴールにたどり着くはずである．

本問の(ア)の式はともに a, b, c について対称（どの2文字を入れ替えても元と同じ式）なので，それを生かして解決できれば（対称性をこわさずに式変形していければ），それに越したことはない（別解）．条件式，求値式がともに対称な場合は，この方針がしばしば有効である．

次数下げ (イ)をそのまま計算するのは面倒で芸がなさすぎである．x の満たす2次の等式を利用して，「根号を解消して次数下げ」が定石である（☞ p.8）．

解答

(ア) $c=-(a+b)$ ……① である．まず求値式を c について整理して，

$$\text{求値式}=\left(\dfrac{1}{a}+\dfrac{1}{b}\right)c+\dfrac{a+b}{c}+\dfrac{a}{b}+\dfrac{b}{a}$$

$$=-\left(\dfrac{1}{a}+\dfrac{1}{b}\right)(a+b)-1+\dfrac{a}{b}+\dfrac{b}{a}$$

$$=-\left(1+\dfrac{b}{a}+\dfrac{a}{b}+1\right)-1+\dfrac{a}{b}+\dfrac{b}{a}=\mathbf{-3}$$

⇦ 条件式を c について解いた．

⇦ $\dfrac{a+b}{c}=\dfrac{a+b}{-(a+b)}=-1$

【別解】 $\text{求値式}=\dfrac{b+c}{a}+\dfrac{c+a}{b}+\dfrac{a+b}{c}$

$$=\dfrac{-a}{a}+\dfrac{-b}{b}+\dfrac{-c}{c}=\mathbf{-3} \quad (\because\ a+b+c=0)$$

⇦ 展開して分母が同じものを集める．

(イ) $x=2-\sqrt{3}$ のとき，$x-2=-\sqrt{3}$

であるから，$(x-2)^2=(-\sqrt{3})^2$ ∴ $x^2-4x+4=3$

∴ $x^2=4x-1$

よって，$x^3=x^2\cdot x=(4x-1)\cdot x=4x^2-x$

$$=4(4x-1)-x=15x-4$$

⇦ x^2 が出てくるたびに $4x-1$ におきかえていけば，x の何次式でも x の1次（以下の）式に直せる．

したがって，

$$x^3-x^2-6x-1=(15x-4)-(4x-1)-6x-1$$

$$=5x-4$$

$$=5(2-\sqrt{3})-4=\mathbf{6-5\sqrt{3}}$$

○7 演習題 (解答は p.24)

(ア) $y+\dfrac{1}{z}=1,\ z+\dfrac{1}{x}=1$ のとき，$x+\dfrac{1}{y}$ の値を求めよ． (広島工大)

(イ) $\dfrac{(1+\sqrt{3})^4}{4}$ の整数部分を a，小数部分を b とおく．

(1) a を求めよ．

(2) $b^4+13b^3+\dfrac{b^2}{2}-8b-7$ の値を求めよ． (法政大・経営)

(ア) どのように消去するか？
(イ) $(1+\sqrt{3})^4$
   $=\{(1+\sqrt{3})^2\}^2$

8 1次方程式・不等式／絶対値つきを解くなど

(ア)　$||x-1|-2|=3$ を解け． （愛知工大，金沢工大）

(イ)　不等式 $|x|+|x-1|\leqq |x+1|$ を解け． （東京農大）

(ウ)　不等式 $|ax+1|\leqq b$ の解が $-1\leqq x\leqq 5$ のとき $a=\boxed{}$，$b=\boxed{}$ である．
（麻布大・生命環境）

負の数を掛ける（割る）と不等号の向きが変わる　係数が文字のときは，その係数で両辺を割るとき，その文字の正負で不等号の向きが変わることに要注意である．つまり場合分けが必要なのだが，それを忘れてしまいがちなので注意しよう．あとは，1 次方程式とほとんど同様に扱える．

絶対値のはずし方　基本は絶対値記号の中身の正負で場合分けすることである．ただし，工夫ができるケースもあり，可能な限り場合分けを減らすことが，その後の処理を簡単にしてくれる．例えば，

1°　$|X|=|Y|$ のとき，$X=\pm Y$；　　$|X|=Y$ のとき，$Y\geqq 0$ かつ $X=\pm Y$　［上の問題の(ア)］

2°　$|X|<Y$ のとき，$-Y<X<Y$（$|X|<Y$ のとき $Y>0$ でなければならないが，$-Y<X<Y$ のときは $-Y<Y$ だから $Y>0$ となる）　［上の(ウ)］

3°　$|X|>A$（A は定数）について，$A<0$ のとき X は全実数，$A\geqq 0$ のとき $X<-A$ または $A<X$
なお，「$|X|>Y \iff X<-Y$ または $Y<X$」が成立する（$Y<0$ のとき，$X<-Y$ または $Y<X$ を満たす X は実数すべてになる）

連立不等式　個々の不等式を別々に解き，解の共通範囲を求めればよい．

解答

(ア)　$||x-1|-2|=3$ のとき，$|x-1|-2=\pm 3$　∴　$|x-1|=5, -1$　　⇐前文の 1° を使った．
$|x-1|\geqq 0$ により $|x-1|=5$　∴　$x-1=\pm 5$　∴　$\boldsymbol{x=6, -4}$

(イ)　1°　$x\leqq -1$ のとき，$-x-(x-1)\leqq -(x+1)$　∴　$2\leqq x$　　⇐場合分けして解く．絶対値の中
　　$x\leqq -1$ を満たさないから不適．　　　　　　　　　　　　　　　　　　　　身の符号は，$x=0, 1, -1$ の前後
2°　$-1\leqq x\leqq 0$ のとき，$-x-(x-1)\leqq x+1$　∴　$0\leqq 3x$　　　　で変化するので，
　　$-1\leqq x\leqq 0$ とから，$x=0$　　　　　　　　　　　　　　　　　　　　　　$x\leqq -1$，$-1\leqq x\leqq 0$
3°　$0\leqq x\leqq 1$ のとき，$x-(x-1)\leqq x+1$　∴　$0\leqq x$　∴　$0\leqq x\leqq 1$　　$0\leqq x\leqq 1$，$1\leqq x$
4°　$1\leqq x$ のとき，$x+(x-1)\leqq x+1$　∴　$x\leqq 2$　∴　$1\leqq x\leqq 2$　　　の 4 通りになる．
以上により，答えは，$\boldsymbol{0\leqq x\leqq 2}$

(ウ)　$|ax+1|\leqq b$ のとき，$-b\leqq ax+1\leqq b$　∴　$-b-1\leqq ax\leqq b-1$　　⇐前文の 2° を使った．
1°　$a=0$ のとき，この解は $-1\leqq x\leqq 5$ とはならない．
2°　$a>0$ のとき，$\dfrac{-b-1}{a}\leqq x\leqq \dfrac{b-1}{a}$　∴　$\dfrac{-b-1}{a}=-1$，$\dfrac{b-1}{a}=5$　　⇐$-1\leqq x\leqq 5$ と一致するから．

　辺々足して，$-\dfrac{2}{a}=4$　∴　$a=-\dfrac{1}{2}$　これは $a>0$ に反する．

3°　$a<0$ のとき，$\dfrac{b-1}{a}\leqq x\leqq \dfrac{-b-1}{a}$　∴　$\dfrac{b-1}{a}=-1$，$\dfrac{-b-1}{a}=5$

　辺々足して，$-\dfrac{2}{a}=4$　∴　$\boldsymbol{a=-\dfrac{1}{2}}$（$a<0$ を満たす）　∴　$\boldsymbol{b=\dfrac{3}{2}}$

8 演習題（解答は p.25）

(ア)　$|4x-12|=||x-9|-|x+2||$ の解を求めよ． （東京農大）

(イ)　不等式 $x-a|x|+3>0$ の解が $-\dfrac{6}{11}<x<b$ であるとき，定数 a，b の組を求めよ．
（類　東京家政学院大）

(イ) $a|x|<x+3$ と変形できる．

◆9 連立1次方程式／連立方程式の解の存在条件

a を実数の定数として，次の x, y についての連立方程式を考える．$\begin{cases}(a-2)x+4ay=-1\\ x-(3a+1)y=a\end{cases}$

$a=\boxed{}$ のとき，この連立方程式の解は存在しない．
$a=\boxed{}$ のとき，この連立方程式の解は無数に存在する

（麗澤大）

等式の条件の扱い方 等式の条件式が1個与えられたら，それを使ってどれか1文字を消去するのが原則的な手法である．x, y の連立1次方程式の場合，例えば一方の式から x を y で表して，他方の式に代入すると y の1次方程式に帰着できる．

x の方程式 $px=q$ の解
$p\neq 0$ のとき $x=\dfrac{q}{p}$，$p=0$ かつ $q=0$ のとき x は任意，$p=0$ かつ $q\neq 0$ のとき解なし

▤解 答▤

$\begin{cases}(a-2)x+4ay=-1 & \cdots\cdots① \\ x-(3a+1)y=a & \cdots\cdots②\end{cases}$

であり，②により，$x=(3a+1)y+a$ ……③
③を①に代入して，$(a-2)\{(3a+1)y+a\}+4ay=-1$
∴ $(3a^2-a-2)y=-a^2+2a-1$
∴ $(a-1)(3a+2)y=-(a-1)^2$ ……④

⇦方程式の解が存在する・存在しないをとらえるには，実際に求めようと考えればよい．y を求めるなら，④式を導くところ．

y の方程式④の解 y に対して，③により x がただ1つ定まり，連立方程式①かつ②の解 (x, y) がただ1つ定まる．

よって，連立方程式の解が「存在しない・無数に存在する」条件は，④の解が「存在しない・無数に存在する」ことと同値である．よって，④から

$(a-1)(3a+2)=0$ かつ $-(a-1)^2\neq 0$，つまり $a=-\dfrac{2}{3}$ のとき解なし．

$(a-1)(3a+2)=0$ かつ $-(a-1)^2=0$，つまり $a=1$ のとき解は無数．

▶注 連立1次方程式の解の存在条件を座標平面で考える方法もある．
一般に，$\begin{cases}ax+by=e & \cdots\cdots㋐ \\ cx+dy=f & \cdots\cdots㋑\end{cases}$ $\begin{pmatrix}(a, b)\neq(0, 0) \\ (c, d)\neq(0, 0)\end{pmatrix}$
を考えてみよう．xy 平面上で㋐，㋑は直線を表す．㋐と㋑が交われば，その交点の座標が連立方程式の解である．したがって，
● 解が存在しないということは，直線㋐と㋑が共有点をもたない，つまり㋐と㋑が平行で一致しないことと同値．
● 解が無数に存在するということは，直線㋐と㋑が一致することと同値．
ということになる．
直線㋐と㋑が平行である（一致も含む）ための条件は，
$a:b=c:d \ (\iff ad-bc=0)$

⇦本問の場合，次のようになる．
①と②が平行（一致も含む）であるための条件は，
$(a-2):4a=1:\{-(3a+1)\}$
∴ $-(a-2)(3a+1)-4a=0$
∴ $3a^2-a-2=0$
∴ $a=-\dfrac{2}{3}, 1$
これらのときの①，②を求め，一致するかどうか調べる（$a=1$ のときのみ一致する）．

◆9 演習題（解答は p.25）

実数 m を定数とする．x と y に関する連立1次方程式 $\begin{cases}2x+y-2=0 \\ mx-y-3m+1=0\end{cases}$
が $x>0$ かつ $y>0$ である解をもつための必要十分条件を求めよ．

（慶大・経）

y を消去したとき，y の範囲を x に反映させるのを忘れないように．

10 1次不等式／解の存在条件，整数解の個数

(ア) $k>0$ を実数とするとき，2つの不等式 $|2x-3|<2$，$|kx-5|<k$ を同時に満たす実数 x が存在するような k の値の範囲は，$k>\boxed{}$ である． (東京経大)

(イ) 不等式 $\left|x-\dfrac{2}{7}\right|<\dfrac{18}{7}$ を満たす整数 x の個数は $\boxed{}$ である．正の数 a に対して，不等式 $\left|x-\dfrac{2}{7}\right|<a$ を満たす整数 x の個数が 4 であるとき，a のとりうる値の範囲は $\boxed{}$ である．

(京都産大・理，工，コンピュータ理工 (推薦))

不等式の解の存在条件 $a<x<b$ を満たす x が存在する条件は $a<b$ である．
また，$a<b$ かつ $c<d$ のとき，$a<x<b$ かつ $c<x<d$ を満たす x が存在する条件は，$a<d$ かつ $c<b$ である．

数直線を活用する (イ)のような問題では，数直線を書いて考えると明快である．答えの範囲で端点が入るかどうか（範囲が＜か≦か）を間違えやすいので，十分注意を払おう．

解答

(ア) $|2x-3|<2$ のとき，$-2<2x-3<2$ ∴ $\dfrac{1}{2}<x<\dfrac{5}{2}$ ……①

$|kx-5|<k$ のとき，$-k<kx-5<k$．$k>0$ により，$-1+\dfrac{5}{k}<x<1+\dfrac{5}{k}$ …②

$k>0$ から，$\dfrac{1}{2}<1+\dfrac{5}{k}$ に注意すると，①と②を同時に満たす x が存在する条件は，

$-1+\dfrac{5}{k}<\dfrac{5}{2}$ ∴ $\dfrac{5}{k}<\dfrac{7}{2}$ ∴ $k>\dfrac{\mathbf{10}}{\mathbf{7}}$ (∵ $k>0$)

(イ) $\left|x-\dfrac{2}{7}\right|<\dfrac{18}{7}$ のとき，$-\dfrac{18}{7}<x-\dfrac{2}{7}<\dfrac{18}{7}$ ∴ $-\dfrac{16}{7}<x<\dfrac{20}{7}$

よって，$-2.2\cdots<x<2.8\cdots$ であるから，これを満たす整数 x は，
$-2, -1, 0, 1, 2$ の **5個**

$\left|x-\dfrac{2}{7}\right|<a$ のとき，$-a<x-\dfrac{2}{7}<a$ ∴ $-a+\dfrac{2}{7}<x<a+\dfrac{2}{7}$ ……③

これを満たす整数 x の個数が 4 個のとき，その x は，$x=-1, 0, 1, 2$ であるから，$-2\leqq -a+\dfrac{2}{7}<-1$ かつ $2<a+\dfrac{2}{7}\leqq 3$

∴ $\dfrac{9}{7}<a\leqq\dfrac{16}{7}$ かつ $\dfrac{12}{7}<a\leqq\dfrac{19}{7}$ ∴ $\dfrac{\mathbf{12}}{\mathbf{7}}<a\leqq\dfrac{\mathbf{16}}{\mathbf{7}}$

③は $x=\dfrac{2}{7}$ に関して対称な範囲であるから，下図により，4つの整数が $-1, 0, 1, 2$ と決まってしまう．

これが -1 だと解に $x=-1$ が入らなくなり不適．

10 演習題 (解答は p.26)

(ア) 2つの不等式 $|x-a|\leqq 2a+3$ ……①，$|x-2a|>4a-4$ ……② について，

(1) 不等式①を満たす実数 x が存在するような定数 a の範囲を求めよ．

(2) 不等式①と②を同時に満たす実数 x が存在するような定数 a の範囲を求めよ． (鳴門教育大)

(イ) x についての連立不等式 $\begin{cases} ax<3a(a-3) \\ (a-3)x\geqq a(a-3) \end{cases}$ がある．この連立不等式を満たす整数がちょうど 3 個となる整数 a の値を求めよ． (鳴門教育大)

(イ) 区間の端点が整数になることに着目．

11 絶対値つき関数／折れ線（具体的）

（ア） 関数 $f(x)=|x+1|+|x-1|+|x-2|$ は，$x=\boxed{}$ で最小値をとる．（類　明治学院大・文）

（イ） 関数 $f(x)=||x-1|-1|$ について，方程式 $f(x)=k$ がちょうど3個の実数解をもつような実数 k の値を求めよ．
（法政大・文, 経営）

絶対値と数直線　$|a-b|$ は数直線上で，2点 a, b 間の距離を意味する．

（ア）のタイプのグラフ　$f(x)$ は点 x と点 $-1, 1, 2$ との距離の和であるから，x の連続な関数（グラフがつながっている）である．絶対値をはずせば x の1次以下の関数であるから，$y=f(x)$ のグラフは1本の折れ線である．まずは，地道に絶対値をはずしてグラフを描いてみよう（解答）．なお，絶対値記号の中身が0となる x の値が折れまがる点の x 座標である．したがって，（ア）の最小値は，$x=-1$ か1か2のいずれかでとる．増減は傾きから分かる（別解）．

$y=|f(x)|$ のグラフ　$y=|f(x)|$ のグラフは，$y=f(x)$ のグラフの $y<0$ の部分を x 軸に関して折り返したもの（$y≧0$ の部分はそのまま）になる．絶対値記号に対して，ただただ「中身の正負で場合分け」する方針一辺倒ではなく，図形的にとらえられるときはそれを活用しよう．

▒解　答▒

（ア）　$x≦-1$ のとき，$f(x)=-(x+1)-(x-1)-(x-2)=-3x+2$
　　$-1≦x≦1$ のとき，$f(x)=(x+1)-(x-1)-(x-2)=-x+4$
　　$1≦x≦2$ のとき，$f(x)=(x+1)+(x-1)-(x-2)=x+2$
　　$2≦x$ のとき，$f(x)=(x+1)+(x-1)+(x-2)=3x-2$

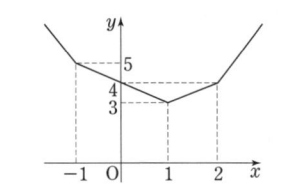

よって，$y=f(x)$ のグラフは右のようになり **$x=1$ で最小値をとる**．

【別解】　$y=f(x)$ のグラフは1本の折れ線である．
　$-1<x<1$ の範囲では，3つの絶対値の中身の1つが正で，2つが負であるから，絶対値記号をはずして得られる1次の係数（傾き）は $1-1-1=-1$ である．同様に各範囲について，傾きを求めると右表のようになるから，**$x=1$ で最小値をとる**．

x		-1		1		2	
傾き	-3		-1		1		3
y	↘		↘		↗		↗

⇦この表から，折れまがる点の'真ん中'で最小になることが分かる．

（イ）　一般に，$y=|p(x)|$ のグラフは，$y=p(x)$ のグラフの $y≧0$ の部分をそのままにして，$y<0$ の部分を x 軸に関して対称移動したものである．………①

　①により，$y=|x-1|$ のグラフ……② は，右図の細実線のようになる．$y=|x-1|-1$ のグラフは，② を y 軸方向に -1 だけ平行移動したものであるから，右図の細破線のようになる．

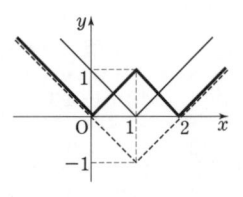

　よって，①により，$y=f(x)=||x-1|-1|$ のグラフは，右図の太実線のようになり，$f(x)=k$ の異なる実数解の個数は，このグラフと直線 $y=k$ の異なる共有点の個数に等しいから，その個数が3個となる k の値は，**$k=1$**

⇦ x 軸に平行な直線．$(1, 1)$ を通るとき，題意を満たす．

○11 演習題（解答は p.26）

（ア）　関数 $f(x)=|x|+|x+1|+|x+2|$ は $x=\boxed{}$ のとき最小値 $\boxed{}$ をとる．

　関数 $g(x)=|x|+|x+1|+|x+2|+|x+3|+|x+4|+|x+5|+|x+6|$ は $x=\boxed{}$ のとき最小値 $\boxed{}$ をとる． （芝浦工大）

（イ）　$g(x)=||x|-1|$ とする．$-6≦x≦6$，$-1≦y≦5$ の範囲で $y=g(x)$，$y=|g(x)-2|$ のグラフをそれぞれ図示せよ． （類　専修大）

（ア）空欄はすぐに埋められるはず．記述問題として解いておこう．

12 絶対値つき関数／折れ線（文字定数入り）

$f(x)=|x+2|+|x-3|+|x-a|$ とする．次の問いに答えよ．
（1） a を定数とするとき，関数 $y=f(x)$ の最小値 m を a を用いて表せ．
（2） （1）での最小値 m が 6 となるような a の値を求めよ．

(中部大・応用生物)

折れ線の増減は傾きで 前問で述べたように，$f(x)$ の増減は，各範囲の傾きを追いかけることでとらえることができる．

折れまがる点の x 座標の大小で場合分け 前問で述べたように，$y=f(x)$ のグラフは1本の折れ線であり，折れまがる点の x 座標は，$x=-2, 3, a$ である．前問の（1）から分かるように，折れまがる点のいずれかで最小となる．よって，a と $-2, 3$ との大小で場合分けが必要である．

解答

（1） a と $-2, 3$ との大小で場合分けをする．

1° **$a<-2$ のとき**，$a<x<-2$ の範囲では，3つの絶対値の中身の1つが正で，2つが負であるから，絶対値記号をはずして得られる1次の係数（傾き）は -1 である．同様に各範囲について，傾きを求めると右表のようになるから，$x=-2$ で最小値をとる．よって，

x		a		-2		3	
傾き	-3		-1		1		3
y	↘		↘		↗		↗

⇐ $a<x<-2$ では，
$|x+2|=-(x+2)$
$|x-3|=-(x-3)$
$|x-a|=x-a$
となる．

$m=f(-2)=0-(-2-3)+(-2-a)=\mathbf{3-a}$

2° **$-2\leqq a\leqq 3$ のとき**，同様に $x=a$ で最小で，
$m=f(a)=(a+2)-(a-3)+0=\mathbf{5}$

3° **$3<a$ のとき**，$-2<3<a$ であるから，同様に $x=3$ で最小で，
$m=f(3)=(3+2)+0-(3-a)=\mathbf{a+2}$

（2） （1）の 1° か 3° のときである．よって，
「$a<-2$ かつ $3-a=6$」または「$3<a$ かつ $a+2=6$」
$\therefore \mathbf{a=-3}$ または $\mathbf{a=4}$

⇒注 $a=-2, a=3$ のときは，下のようになる．

$a=-2$ のとき
$f(x)=2|x+2|+|x-3|$

x		-2		3	
傾き	-3		1		3
y	↘		↗		↗

$a=3$ のとき
$f(x)=|x+2|+2|x-3|$

x		-2		3	
傾き	-3		-1		3
y	↘		↘		↗

⇐ $a=-2$ のときのグラフは下図．

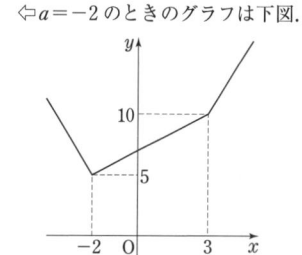

◊12 演習題 （解答は p.27）

a, b, c は定数で $a<b<c$ を満たすものとする．関数 $f(x)$ を
$f(x)=|x-a|+|x-b|+|x-c|$ で定める．
（1） x がすべての実数を動くとき，$4x+3f(x)$ の最小値を求めよ．
（2） x がすべての実数を動くときの $f(x)$ の最小値が 18 で，$f(c)=32$ のとき b, c を a で表せ．さらに $f(-12)=25$ のとき a を求めよ．

(上智大・経)

(1) 安直に $x=b$ で最小としないように．
(2) a を出すところもグラフを使いたい．

数と式 演習題の解答

1…B*○	2…A**	3…B**○
4…B**	5…A*○	6…B**
7…A○A*○	8…A*B*	9…B*○
10…B**B**	11…B*B*	12…B***

1 （1）（2） かたまりを利用する．
（3） 公式が使えるように掛け算の順番を変える．

解 （1） $(a+b+c)^2-(b+c-a)^2$
$=\{(b+c)+a\}^2-\{(b+c)-a\}^2=4(b+c)a$
$(c+a-b)^2-(a+b-c)^2$
$=\{a+(c-b)\}^2-\{a-(c-b)\}^2=4a(c-b)$
であるから，
与式$=4a\{(b+c)+(c-b)\}=\boldsymbol{8ac}$

（2） $(x+y+2z)^3-(y+2z-x)^3$
$=\{(y+2z)+x\}^3-\{(y+2z)-x\}^3$ ……①
ここで，$(A+B)^3=A^3+3A^2B+3AB^2+B^3$
$(A-B)^3=A^3-3A^2B+3AB^2-B^3$ ……②
であるから，$(A+B)^3-(A-B)^3=2(3A^2B+B^3)$
よって，①$=2\{3(y+2z)^2x+x^3\}$
また，$(2z+x-y)^3+(x+y-2z)^3$
$=\{x-(y-2z)\}^3+\{x+(y-2z)\}^3$ ……③
②により，$(A+B)^3+(A-B)^3=2(A^3+3AB^2)$
であるから，③$=2\{x^3+3x(y-2z)^2\}$
したがって，与式は，
$2\{3(y+2z)^2x+x^3\}-2\{x^3+3x(y-2z)^2\}$
$=6x\{(y+2z)^2-(y-2z)^2\}$
$=6x(4\times y\cdot 2z)=\boldsymbol{48xyz}$

（3） $(x^2+xy+y^2)(x^2+y^2)(x-y)^2(x+y)$
$=(x-y)(x^2+xy+y^2)\cdot(x^2+y^2)\cdot(x-y)(x+y)$
$=(x^3-y^3)\cdot(x^2+y^2)(x^2-y^2)$
$=(x^3-y^3)(x^4-y^4)=\boldsymbol{x^7-x^3y^4-x^4y^3+y^7}$

2 （1）（2） 最低次の文字（複数あるときはどれか1つの文字）について整理する．
（3） 2通りの方法でやってみる．

解 （1） xについて整理することにより，
$(x-y)(x+y)-z(z+2y)$
$=x^2-y^2-z^2-2yz=x^2-(y^2+2yz+z^2)$
$=x^2-(y+z)^2=\{x+(y+z)\}\{x-(y+z)\}$
$=\boldsymbol{(x+y+z)(x-y-z)}$

（2） （前半） aについて整理して，
$3a+2b+ab+6=(b+3)a+2b+6$
$=\boldsymbol{(b+3)(a+2)}$
（後半） xについて整理して，
$xy+xz+y^2+yz+3x+5y+2z+6$
$=(y+z+3)x+\underline{y^2+yz+5y+2z+6}$ （zについて整理）
$=(y+z+3)x+(y+2)z+y^2+5y+6$
$=(y+z+3)x+(y+2)z+(y+2)(y+3)$
$=(y+z+3)x+(y+2)(z+y+3)$
$=\boldsymbol{(y+z+3)(x+y+2)}$

（3） ［まずxについて整理する方針だと］
与式$=8x^2+10x-3(6y^2-7y+1)$
$=8x^2+10x-3(y-1)(6y-1)$
$=\{2x-3(y-1)\}$　　$2\times -3(y-1)\to 10$
　$\times\{4x+(6y-1)\}$　　$4\quad 6y-1$
$=\boldsymbol{(2x-3y+3)(4x+6y-1)}$

別解 ［2次の部分をまず因数分解する方針だと］
$8x^2-18y^2=2(4x^2-9y^2)=2\{(2x)^2-(3y)^2\}$
$=2(2x+3y)(2x-3y)$　であるから，
$8x^2-18y^2+10x+21y-3$
$=2(2x+3y)(2x-3y)+(10x+21y)-3$
$=\{2(2x+3y)-1\}$　　$2(2x+3y)\times -1\to 10x+21y$
　$\times\{(2x-3y)+3\}$　　$2x-3y\quad 3$
$=\boldsymbol{(4x+6y-1)(2x-3y+3)}$

3 （1） まず最低次のbについて整理する．
（2） まず$(a+b+c)^3$を$\{a+(b+c)\}^3$として展開するか，$x^3\pm y^3=(x\pm y)(x^2\mp xy+y^2)$（複号同順）の因数分解の公式を使う．（☞別解）．

解 （1） bについて整理して，
$2ax^3+(a^2-2ab-2)x^2-(a^2b+a-2b)x+ab$
$=\{-2ax^2-(a^2-2)x+a\}b+2ax^3+(a^2-2)x^2-ax$
$=-\{2ax^2+(a^2-2)x-a\}(b-x)$　（☞注）
$=-(ax-1)(2x+a)(b-x)$
$=\boldsymbol{(ax-1)(2x+a)(x-b)}$

➡注 $\{\ \}$は，右により，　　$a\times -1\to a^2-2$
$(ax-1)(2x+a)$　　$2\quad a$
と因数分解できる．

（2） $(a+b+c)^3-a^3=\{a+(b+c)\}^3-a^3$
$=\{a^3+3a^2(b+c)+3a(b+c)^2+(b+c)^3\}-a^3$
$=3a^2(b+c)+3a(b+c)^2+(b+c)^3$ ……①

であり，[①$-b^3-c^3$ を因数分解すればよいが]
$$(b+c)^3-b^3-c^3$$
$$=(b^3+3b^2c+3bc^2+c^3)-b^3-c^3$$
$$=3b^2c+3bc^2=3bc(b+c) \quad \cdots\cdots ②$$
である．よって，①，②により，
$$(a+b+c)^3-a^3-b^3-c^3$$
$$=3a^2(b+c)+3a(b+c)^2+3bc(b+c)$$
$$=3(b+c)\{a^2+(b+c)a+bc\}$$
$$=\boldsymbol{3(b+c)(a+b)(a+c)}$$

別解 [前文の因数分解の公式を使うと：
$(a+b+c)^3-a^3$, b^3+c^3 はそれぞれ $b+c$ を因数に持つことが分かる]
$$(a+b+c)^3-a^3$$
$$=\{(a+b+c)-a\}\{(a+b+c)^2+(a+b+c)a+a^2\}$$
$$=(b+c)(3a^2+b^2+c^2+3ab+2bc+3ca)\cdots③$$
$$b^3+c^3=(b+c)(b^2-bc+c^2)\cdots\cdots④$$
であるから，
$$(a+b+c)^3-a^3-b^3-c^3=③-④$$
$$=(b+c)(3a^2+3ab+3bc+3ca)$$
$$=3(b+c)\{a^2+(b+c)a+bc\}$$
$$=\boldsymbol{3(b+c)(a+b)(a+c)}$$

（3） y について整理して，
$$(x+1)(y+1)(xy+1)+xy$$
$$=(x+1)\{xy^2+(x+1)y+1\}+xy$$
$$=x(x+1)y^2+\{(x+1)^2+x\}y+x+1$$
$$=\{(x+1)y+1\} \quad x+1 \times 1$$
$$\times\{xy+(x+1)\} \quad x \quad x+1 \to (x+1)^2+x$$
$$=\boldsymbol{(xy+y+1)(xy+x+1)}$$

（4） a について整理して，
$$a^4+b^4+c^4-2a^2b^2-2a^2c^2-2b^2c^2$$
$$=a^4-2(b^2+c^2)a^2+(b^4-2b^2c^2+c^4)$$
$$=a^4-2(b^2+c^2)a^2+(b^2-c^2)^2$$
$$=a^4-2(b^2+c^2)a^2+\{(b+c)(b-c)\}^2\cdots①$$
ここで，$(b+c)^2+(b-c)^2=2(b^2+c^2)$ であるから，
$$①=\{a^2-(b+c)^2\}\{a^2-(b-c)^2\}$$
$$=\{a+(b+c)\}\{a-(b+c)\}$$
$$\times\{a+(b-c)\}\{a-(b-c)\}$$
$$=\boldsymbol{(a+b+c)(a-b-c)(a+b-c)(a-b+c)}$$

⇨注 （2）では，因数定理を活用する手もある．
（2） 与式を a の整式と考え
$f(a)=\{a+(b+c)\}^3-a^3-b^3-c^3$ とおくと，展開したときに a^3 の項が消え，$f(a)=3(b+c)a^2+\cdots$ という a の2次式である．
$$f(-b)=\{-b+(b+c)\}^3-(-b)^3-b^3-c^3=0$$
となるので因数定理から $f(a)$ は $a-(-b)=a+b$

で割り切れる．同様に $a+c$ でも割り切れ，a^2 の係数が $3(b+c)$ であるから，
$$f(a)=\boldsymbol{3(b+c)(a+b)(a+c)}$$

4 （1） まず，2つの（ ）内の2次式を因数分解すると，例題（2）と同様の形になる．

解 （1） $(x^2+2x-35)(x^2+6x-27)+143$
$$=(x+7)(x-5)(x+9)(x-3)+143$$
$$=(x+7)(x-3)\cdot(x-5)(x+9)+143$$
$$=(x^2+4x-21)\cdot(x^2+4x-45)+143\cdots①$$
$$=(x^2+4x)^2-66(x^2+4x)+1088\cdots②$$
[定数項が大きいので，平方完成して]
$$=\{(x^2+4x)-33\}^2-1$$
$$=\{(x^2+4x)-33+1\}\{(x^2+4x)-33-1\}$$
$$=(x^2+4x-32)(x^2+4x-34)$$
$$=\boldsymbol{(x+8)(x-4)(x^2+4x-34)}$$

⇨注 上の解答では x^2+4x をかたまりと見たが，$x^2+4x-21$ をかたまりと見ると，定数項を143のまま処理できる．①で $X=x^2+4x-21$ とおくと，
$$①=X(X-24)+143=X^2-24X+143$$
$$=(X-11)(X-13)$$
$$=(x^2+4x-32)(x^2+4x-34) \quad [以下略]$$

⇨注 解の公式を使った因数分解
2次方程式 $ax^2+bx+c=0$ の2解が α, β のとき，
$$ax^2+bx+c=a(x-\alpha)(x-\beta)$$
と因数分解されるから，$z^2-66z+1088\cdots③$
を次のように因数分解することもできる（③は，②で $z=x^2+4x$ とおいた式）．③$=0$ を解の公式で解くと
$$z=33\pm\sqrt{33^2-1088}=33\pm 1 \quad \therefore z=34, 32$$
よって，③$=(z-34)(z-32)$

（2） $x^4+64=(x^4+16x^2+64)-16x^2$
$$=(x^2+8)^2-(4x)^2=(x^2+8+4x)(x^2+8-4x)$$
$$=\boldsymbol{(x^2+4x+8)(x^2-4x+8)}$$

（3） $x^3-27y^3+9xy+1\cdots①$ は，次の公式
$$a^3+b^3+c^3-3abc$$
$$=(a+b+c)(a^2+b^2+c^2-ab-bc-ca)$$
において，$a=x$, $b=-3y$, $c=1$ としたものだから，
$$①=\boldsymbol{(x-3y+1)(x^2+9y^2+1+3xy+3y-x)}$$

5 （イ） 場合分けが必要である．

解 （ア） $\sqrt{3-\sqrt{5}}=\sqrt{\dfrac{6-2\sqrt{5}}{2}}=\dfrac{\sqrt{6-2\sqrt{5}}}{\sqrt{2}}\cdots①$
ここで，$\sqrt{6-2\sqrt{5}}=\sqrt{(\sqrt{5}-1)^2}=\sqrt{5}-1$
であるから，
$$①=\dfrac{\sqrt{5}-1}{\sqrt{2}}=\dfrac{\sqrt{2}(\sqrt{5}-1)}{\sqrt{2}\sqrt{2}}=\boldsymbol{\dfrac{\sqrt{10}-\sqrt{2}}{2}}$$

次に，$\sqrt{3+\sqrt{13+\sqrt{48}}} = \sqrt{3+\sqrt{13+2\sqrt{12}}}$
$= \sqrt{3+\sqrt{(\sqrt{12}+1)^2}} = \sqrt{3+\sqrt{12}+1}$
$= \sqrt{4+2\sqrt{3}} = \sqrt{(\sqrt{3}+1)^2} = \sqrt{3}+1$
であるから，求める2番目の値は，
$$\frac{1}{\sqrt{3}+1} = \frac{\sqrt{3}-1}{(\sqrt{3}+1)(\sqrt{3}-1)} = \frac{\sqrt{3}-1}{2}$$

(イ) $x=\dfrac{1+a^2}{2a}$ $(a>0)$ のとき，
$$\sqrt{x\pm 1} = \sqrt{\frac{1+a^2\pm 2a}{2a}} = \sqrt{\frac{(1\pm a)^2}{2a}} = \frac{|1\pm a|}{\sqrt{2a}}$$
(複号同順)であるから，
$$a\left(\frac{\sqrt{x+1}-\sqrt{x-1}}{\sqrt{x+1}+\sqrt{x-1}}\right) = a\left(\frac{|1+a|-|1-a|}{|1+a|+|1-a|}\right) \cdots\cdots ①$$

$0<a\leqq 1$ のとき，
$$① = a\left(\frac{(1+a)-(1-a)}{(1+a)+(1-a)}\right) = a\cdot\frac{2a}{2} = \boldsymbol{a^2}$$

$1\leqq a$ のとき，
$$① = a\left(\frac{(1+a)+(1-a)}{(1+a)-(1-a)}\right) = a\cdot\frac{2}{2a} = \boldsymbol{1}$$

➡注 $\dfrac{\sqrt{x+1}-\sqrt{x-1}}{\sqrt{x+1}+\sqrt{x-1}} = \dfrac{(\sqrt{x+1}-\sqrt{x-1})^2}{(x+1)-(x-1)}$
$= \dfrac{(x+1)+(x-1)-2\sqrt{(x+1)(x-1)}}{2}$
$= x - \sqrt{x^2-1}$

ここで，
$\sqrt{x^2-1} = \sqrt{\left(\dfrac{1+a^2}{2a}\right)^2 - 1} = \sqrt{\dfrac{(1+a^2)^2-4a^2}{(2a)^2}}$
$= \sqrt{\dfrac{(1-a^2)^2}{(2a)^2}} = \dfrac{|1-a^2|}{2a}$

であるから，
$a\left(\dfrac{\sqrt{x+1}-\sqrt{x-1}}{\sqrt{x+1}+\sqrt{x-1}}\right) = a\left\{\dfrac{1+a^2}{2a} - \dfrac{|1-a^2|}{2a}\right\}$
$= \dfrac{1}{2}\{1+a^2-|1-a^2|\}$

よって，求める値は，
$0<a\leqq 1$ のとき，$\dfrac{1}{2}\{1+a^2-(1-a^2)\} = a^2$
$1\leqq a$ のとき，$\dfrac{1}{2}\{1+a^2+(1-a^2)\} = 1$

6 (ア) a と $\dfrac{1}{a}$ に関する対称式と見る．基本対称式は $a+\dfrac{1}{a}=\sqrt{5}$ と $a\cdot\dfrac{1}{a}=1$ である．
(ウ) $xyz=k$ とおこう．$x+y=1-z$ などとする．

解 (ア) $a^2+\dfrac{1}{a^2} = \left(a+\dfrac{1}{a}\right)^2 - 2\cdot a\cdot\dfrac{1}{a} = 5-2 = 3$

$a^3+\dfrac{1}{a^3} = \left(a+\dfrac{1}{a}\right)^3 - 3\cdot a\cdot\dfrac{1}{a}\left(a+\dfrac{1}{a}\right)$
$= 5\sqrt{5} - 3\sqrt{5} = 2\sqrt{5}$
であるから，
求値式 $= \left(a+\dfrac{1}{a}\right) + \left(a^2+\dfrac{1}{a^2}\right) + \left(a^3+\dfrac{1}{a^3}\right)$
$= \sqrt{5} + 3 + 2\sqrt{5} = \boldsymbol{3+3\sqrt{5}}$

(イ) $x+y=1$, $x^3+y^3=7$ のとき，
$x^3+y^3 = (x+y)^3 - 3xy(x+y)$ により，
$7 = 1-3xy$ ∴ $xy = \boldsymbol{-2}$
$x^2+y^2 = (x+y)^2 - 2xy = 1+4 = \boldsymbol{5}$
$x^5+y^5 = (x^3+y^3)(x^2+y^2) - (xy)^2(x+y)$
$= 7\cdot 5 - 4\cdot 1 = \boldsymbol{31}$

➡注 解と係数の関係(☞p.30)により，x, y は $t^2-t-2=0$ の2解で，2, -1 と求められる．

(ウ) $\dfrac{1}{x}+\dfrac{1}{y}+\dfrac{1}{z}=1$ のとき，$\dfrac{xy+yz+zx}{xyz}=1$
$xyz=k$ とおくと，$xy+yz+zx=k$
$x+y+z=1$ により，$x+y=1-z$ などとなり，
$(x+y)(y+z)(z+x) = (1-z)(1-x)(1-y)$
$= 1 - (x+y+z) + (xy+yz+zx) - xyz$
$= 1 - 1 + k - k = \boldsymbol{0}$

➡注 x, y, z は $t^3-t^2+kt-k=0$ の3解で，解のうちの1つは1である．解と係数の関係により，3解の和は1であるから，残りの2解の和は0である(数Ⅱ)．

7 (ア) x, y を z で表してみよう．
(イ) (2)は次数下げをする．

解 (ア) $y+\dfrac{1}{z}=1$, $z+\dfrac{1}{x}=1$ のとき，
$y = 1-\dfrac{1}{z} = \dfrac{z-1}{z}$, $\dfrac{1}{x} = 1-z$ により，
$x+\dfrac{1}{y} = \dfrac{1}{1-z} + \dfrac{z}{z-1} = \dfrac{1-z}{1-z} = \boldsymbol{1}$

(イ) (1) $\dfrac{(1+\sqrt{3})^4}{4} = \dfrac{\{(1+\sqrt{3})^2\}^2}{4}$
$= \dfrac{(4+2\sqrt{3})^2}{4} = (2+\sqrt{3})^2 = 7+4\sqrt{3}$ ……①

であり，$4\sqrt{3}=\sqrt{48}$ について，
$\sqrt{36} < \sqrt{48} < \sqrt{49}$ ∴ $6 < 4\sqrt{3} < 7$
よって，①について，$13 < ① < 14$
したがって，①の整数部分 a は，$\boldsymbol{a=13}$
(2) (1)により，①の小数部分 b は，
$b = ① - 13 = (7+4\sqrt{3}) - 13 = 4\sqrt{3}-6$
これより，$b+6 = 4\sqrt{3}$ であるから，

$(b+6)^2=(4\sqrt{3})^2$ ∴ $b^2=-12b+12$

よって，$b^3=-12b^2+12b$ であり，$b^4=b^3\cdot b$ により，

$b^4+13b^3+\dfrac{b^2}{2}-8b-7$

$=(-12b^2+12b)b+13b^3+\dfrac{b^2}{2}-8b-7$

$=b^3+12b^2+\dfrac{b^2}{2}-8b-7$

$=(-12b^2+12b)+12b^2+\dfrac{b^2}{2}-8b-7$

$=\dfrac{1}{2}b^2+4b-7=(-6b+6)+4b-7$

$=-2b-1$

$=-2(4\sqrt{3}-6)-1=\boldsymbol{-8\sqrt{3}+11}$

8 (ア) まず右辺の絶対値の中の絶対値をはずすところだろう．

(イ) 解が □ $<x<$ □ の形になることに着目すると，a の符号などが絞られる．解答では $a|x|<x+3$ と変形して考えてみる（注のようにグラフが使える）が，x の符号で場合分けしても大差ない．

解 (ア) $|4x-12|=||x-9|-|x+2||$ ……①

まず，$|x-9|-|x+2|$ の絶対値をはずす．

・$x\leqq -2$ のとき，

$|x-9|-|x+2|=-(x-9)+(x+2)=11$

よって，①は，$|4x-12|=11$ ∴ $4x-12=\pm 11$

これらの x は $x\leqq -2$ を満たさず不適．

・$x\geqq 9$ のとき，

同様に①は，$|4x-12|=11$ ∴ $4x-12=\pm 11$

これらの x は $x\geqq 9$ を満たさず不適．

・$-2\leqq x\leqq 9$ のとき，

$|x-9|-|x+2|=-(x-9)-(x+2)=-2x+7$

よって，①は，$|4x-12|=|-2x+7|$

∴ $4x-12=-2x+7$ または $4x-12=2x-7$

∴ $\boldsymbol{x=\dfrac{19}{6}, \dfrac{5}{2}}$ （ともに $-2\leqq x\leqq 9$ を満たす）

(イ) $x-a|x|+3>0$，つまり $a|x|<x+3$ ……② の解が $-\dfrac{6}{11}<x<b$ ……③ となる a,b を求める．

$a\leqq 0$ のとき，$a|x|\leqq 0$ により，$x+3>0$ ならば②が成り立つので，②の解は $x>-3$ を含む．このとき，②の解が③になることはないので不適．

$a>0$ のとき，②により，$-(x+3)<ax<x+3$

∴ $-\dfrac{3}{a+1}<x$ かつ $(a-1)x<3$

これが③と一致するから，$a>1$ であり，

$-\dfrac{3}{a+1}=-\dfrac{6}{11}$, $\dfrac{3}{a-1}=b$

∴ $\boldsymbol{a=\dfrac{9}{2}}$ （$a>1$ を満たす），$\boldsymbol{b=\dfrac{6}{7}}$

⇒注 p.35 で述べるように絶対値がらみの不等式ではグラフを活用するのも手である．$y=a|x|$……④ と $y=x+3$ のグラフを描くと右のようになるので，②の解が③となるのは $a>1$ のときと分かる．

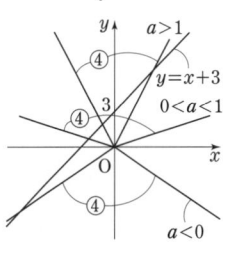

別解 1. $x-a|x|+3>0$

⟺「$x\leqq 0$ かつ $x+ax+3>0$」または

　「$x\geqq 0$ かつ $x-ax+3>0$」

⟺「$x\leqq 0$ かつ $(a+1)x>-3$」または

　「$x\geqq 0$ かつ $(a-1)x<3$」

これが③と一致するとき，$a>1$ でなければならず，

$-\dfrac{3}{a+1}<x<\dfrac{3}{a-1}$ （以下省略）

別解 2. ["端点"に着目]

$x-a|x|+3>0$……⑤ の解が $-\dfrac{6}{11}<x<b$ であるとき，⑤の左辺に $x=-\dfrac{6}{11}$ を代入すると 0 だから，

$-\dfrac{6}{11}-\dfrac{6}{11}a+3=0$ ∴ $a=\dfrac{9}{2}$

よって，⑤は，$x-\dfrac{9}{2}|x|+3>0$ であり，

$x\geqq 0$ のとき，$-\dfrac{7}{2}x+3>0$ ∴ $(0\leqq)x<\dfrac{6}{7}$

$x<0$ のとき，$\dfrac{11}{2}x+3>0$ ∴ $-\dfrac{6}{11}<x(<0)$

よって，$\boldsymbol{a=\dfrac{9}{2}, b=\dfrac{6}{7}}$

9 y を x で表して，y を消去する．$y>0$ の条件を x に反映させるのを忘れないようにする．なお，座標平面を使う場合は，☞別解．

解 $\begin{cases} 2x+y-2=0 & \cdots\cdots ① \\ mx-y-3m+1=0 & \cdots\cdots ② \end{cases}$

①により，$y=-2x+2$ ……③

$y>0$ とから，$-2x+2>0$ ∴ $x<1$

したがって，③を②に代入して得られる x の方程式が $0<x<1$ である解をもつための条件を求めればよい．

③を②に代入して，$mx+2x-2-3m+1=0$

∴ $(m+2)x-(3m+1)=0$

$m=-2$ は上式を満たさないから，$m\neq -2$ であり，

$x=\dfrac{3m+1}{m+2}$

25

よって，m の条件は，$0<\dfrac{3m+1}{m+2}<1$

・$m>-2$ のとき，$0<3m+1<m+2$
　　∴ $3m>-1$, $2m<1$　　∴ $-\dfrac{1}{3}<m<\dfrac{1}{2}$

・$m<-2$ のとき，$0>3m+1>m+2$
　　∴ $3m<-1$, $2m>1$
これを満たす m は存在しない．

以上により，求める必要十分条件は，$-\dfrac{1}{3}<m<\dfrac{1}{2}$ ……④

⇨注 $f(x)=(m+2)x-(3m+1)$
とおくと，$f(x)=0$ の解が
$0<x<1$ を満たす条件は，
　　$f(0)f(1)<0$
である（右図参照）．よって，
　　$-(3m+1)(-2m+1)<0$
から，④を求めることもできる．

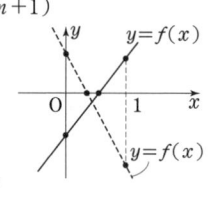

別解 xy 平面上で，①，②は直線を表す．①は右図のような直線である．①，②が第1象限で交わる条件を求めればよい．②を変形すると，
　　$y=mx-3m+1$ ……⑤
　　∴ $y=m(x-3)+1$
これは点 $(3, 1)$ を通る直線である．⑤を $g(x)$ とおく．
図から，条件は，$g(0)<2$ かつ $g(1)>0$
　　∴ $-3m+1<2$ かつ $-2m+1>0$　　（以下省略）

⑩ （ア）（2）（1）のもとで考えればよい．②は右辺が負のときは，すべての実数 x について成り立つので，それ以外のときの考察がメインになる．
（イ）x の係数の符号に注意する．解の形が $p\leqq x<q$ または $p<x\leqq q$ にならないケースは不適である．

解 （ア）（1）$|x-a|\leqq 2a+3$ ……①
のとき，$-(2a+3)\leqq x-a\leqq 2a+3$
　　∴ $-a-3\leqq x\leqq 3a+3$ ……③
これを満たす実数 x が存在するための条件は，
　　$-a-3\leqq 3a+3$　　∴ $a\geqq -\dfrac{3}{2}$ ……④

（2）④のもとで考えればよい．
　　$|x-2a|>4a-4$ ……②
は，$4a-4<0$ （すなわち $a<1$）のとき，すべての実数 x について成り立つから，このとき①と②を同時に満たす x が存在する．

$a\geqq 1$ のとき，②は，
　　$x-2a<-(4a-4)$ または $4a-4<x-2a$

∴ $x<-2a+4$ または $6a-4<x$ ……⑤
③と⑤を同時に満たす実数 x が存在するための条件は，$-a-3<-2a+4$ または $6a-4<3a+3$
　　∴ $a<7$ または $a<\dfrac{7}{3}$
$a\geqq 1$ とから，$1\leqq a<7$

以上により，求める a の範囲は，$-\dfrac{3}{2}\leqq a<7$

⇨注 ○8の前文3°で述べたように，実は②の右辺の符号にかかわらず，② ⟺ ⑤が成り立つので，$a<1$ と $a\geqq 1$ の場合分けは不要である．

（イ）$\begin{cases} ax<3a(a-3) & \cdots\cdots① \\ (a-3)x\geqq a(a-3) & \cdots\cdots② \end{cases}$

・$a=0$ のとき，①は成り立たないから不適．
・$a=3$ のとき，①かつ②は $x<0$ と同値で不適．
・$a>0$ かつ $a-3<0$，つまり $0<a<3$ のとき，
①，②は，$\begin{cases} x<3(a-3) \\ x\leqq a \end{cases}$ となり不適（これを満たす整数 x が無数にあるから）．

・$a<0$ のとき，①，②は，$\begin{cases} x>3(a-3) \\ x\leqq a \end{cases}$

　　∴ $3(a-3)<x\leqq a$
これを満たす整数が3個のとき，その3個の整数は，$a, a-1, a-2$ であり，$3(a-3)$ が整数であることに注意すると，上図から，$3(a-3)=a-3$　　∴ $a=3$
これは $a<0$ を満たさない．

・$3<a$ のとき，①，②は，$\begin{cases} x<3(a-3) \\ x\geqq a \end{cases}$

　　∴ $a\leqq x<3(a-3)$
これを満たす整数が3個のとき，
　　$3(a-3)=a+3$　　∴ $a=6$
以上により，求める整数 a は，$a=6$ である．

⑪ （ア）例題(ア)の別解のように，傾きを調べて増減をとらえることにする．
（イ）例題(イ)と同様に，図形的な意味を利用しよう．

解 （ア）$y=f(x)=|x|+|x+1|+|x+2|$
のグラフは1本の折れ線である．

$-1<x<0$ の範囲では，3つの絶対値の中身の1つが負で，2つが正であるから，絶対値記号をはずして得られる1次の係数（傾き）は $-1+1+1=1$ である．同様に各範

x		-2		-1		0	
傾き	-3		-1		1		3
y	↘		↘		↗		↗

囲について，傾きを求めると左下の表のようになるから，$x=-1$ で最小値をとる．最小値は，
$$f(-1)=|-1|+|-1+1|+|-1+2|=1+0+1=\mathbf{2}$$
同様に，
$$y=g(x)=|x|+|x+1|+|x+2|+|x+3|$$
$$+|x+4|+|x+5|+|x+6|$$
についても，傾きは次表のようになる．

x		-6	-5	-4	-3	-2	-1	0	
傾き	-7	-5	-3	-1	1	3	5	7	
y	↘	↘	↘	↘	↗	↗	↗	↗	

したがって，$g(x)$ は $x=-3$ で最小となり，最小値は
$$g(-3)=3+2+1+0+1+2+3=\mathbf{12}$$

⇒注 同様に考えると，
$$y=|x-a_1|+|x-a_2|+\cdots+|x-a_{2n-1}|$$
$$(a_1<a_2<\cdots<a_{2n-1})$$
は，$x=a_n$（ちょうど真中）で最小になることが分かる．
a_{2n-1} を a_{2n} にすると，$a_n\leqq x\leqq a_{n+1}$ で最小値をとる（この範囲で傾きが 0 になり，y は一定値である）．

（イ）$y=|x|$ のグラフ（図1）を下に 1 だけ下げると $y=|x|-1$ のグラフ（図2）になる．

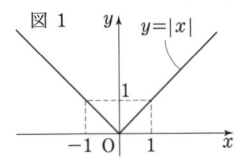

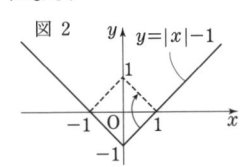

図1　図2

この x 軸より下の部分を上に折り返すと $y=||x|-1|$，つまり $y=g(x)$ のグラフ（図3）になる．さらに 2 だけ下に下げ x 軸より下を上に折り返すと $y=|g(x)-2|$（図4）になる．

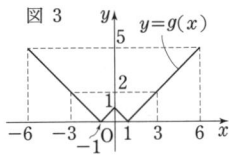

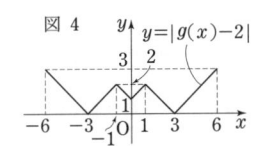

図3　図4

12 まずは，折れ線 $y=f(x)$ の各範囲の傾きを求めておこう．

解（1）$y=f(x)=|x-a|+|x-b|+|x-c|$
$$(a<b<c)$$
のグラフは 1 本の折れ線である．

$a<x<b$ の範囲では，3 つの絶対値の中身の 1 つが正で，2 つが負であるから，絶対値記号をはずして得られる 1 次の係数（傾き）は -1 である．

表1

x		a		b		c	
傾き	-3		-1		1		3
y	↘		↘		↗		↗

同様に各範囲について傾きを求めると，表1のようになる．

$g(x)=4x+3f(x)$ とおくと，$y=g(x)$ のグラフは 1 本の折れ線である．表1により，$y=g(x)$ の各範囲の傾きは表2のようになる．表2により，$g(x)$ は $x=a$ で最小となる．

表2

x		a		b		c	
傾き	-5		1		7		13
y	↘		↗		↗		↗

$$f(a)=0+|a-b|+|a-c|=(b-a)+(c-a)$$
により，最小値は，
$$g(a)=4a+3(b+c-2a)=\mathbf{-2a+3b+3c}$$

（2）表1により，$f(x)$ は $x=b$ で最小となる．
最小値は $f(b)=|b-a|+0+|b-c|$
$$=(b-a)-(b-c)=c-a$$
これが 18 に等しいから，$c-a=18$ ……①
また，$f(c)=|c-a|+|c-b|+0$
$$=(c-a)+(c-b)=2c-a-b$$
これが 32 に等しいから，$2c-a-b=32$ ……②

①により，$\mathbf{c=a+18}$

これを②に代入することにより，
$$\mathbf{b}=2c-a-32=2(a+18)-a-32=\mathbf{a+4}$$

このとき，
$$f(x)=|x-a|+|x-a-4|+|x-a-18|$$
$f(-12)=25$ により，
$$|-12-a|+|-12-a-4|+|-12-a-18|=25$$
$$\therefore\ |a+12|+|a+16|+|a+30|=25$$
$h(a)=|a+12|+|a+16|+|a+30|$ とおく．
$h(-12)=0+4+18=22$，$h(-16)=4+0+14=18$，
$h(-30)=18+14+0=32$
であり，$Y=h(a)$ について，
$a>-12$ のとき，傾き 3
$a<-30$ のとき，傾き -3
であるから，$Y=h(a)$ のグラフの概形は右のようになる．
右図から，$h(a)=25$ になる a は 2 つある．

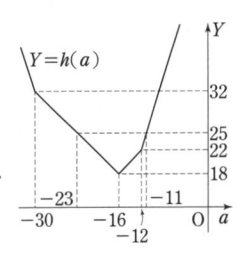

・$-30<a<-16$ のとき，
$$h(a)=-(a+12)-(a+16)+(a+30)$$
$$=-a+2$$
$-a+2=25$ により，$a=-23$

・$a>-12$ のとき，
$$h(a)=(a+12)+(a+16)+(a+30)$$
$$=3a+58$$
$3a+58=25$ により，$a=-11$

以上により，$\mathbf{a=-23,\ -11}$

ミニ講座・1
文字定数に慣れよう

2次方程式の解の公式を例にとりましょう．

$ax^2+bx+c=0\ (a\neq0)$ の解は
$$x=\frac{-b\pm\sqrt{b^2-4ac}}{2a} \quad \cdots\cdots ①$$

この例であれば，「a, b, c は定数で，具体的な値が与えられたら①に代入すると x が求められる」ということを理解しているでしょう．このような，定数を表す文字のことを文字定数と呼んでいます．

問題文は，通常，
　　a を実数の定数とする．
あるいは
　　a は与えられた実数とする．
のように書かれます．文字定数という言い方はしないので，この表現から文字定数であることを読み取る必要があります．

さて，文字定数は（文字とはいえ）定数なので，普通の数と同じように扱えばよいのですが，問題を解く上では「与えられた数」であることがポイントになります．上の2次方程式の例で説明しましょう．

　　a, b, c を実数の定数とする．
　　$ax^2+bx+c=0$ を満たす実数 x を求めよ．

a, b, c は与えられた数なので，$a=0$ かもしれません．そういったことをすべて考えて答えなさい，という問題ですから，①を答えて終わりというわけにはいきません．

まず平方完成してみましょう．
$$a\left(x+\frac{b}{2a}\right)^2-\frac{b^2}{4a}+c=0$$

この変形ができないのは，分母の a が0になるときです．そんなことは平方完成した式を書かなくてもわかりますが，

　　とりあえず一般的な状況を想定して進め
　　例外があれば別処理

という方針でやるのがよいでしょう．話を進めます．

$a\neq0$ のとき，$\left(x+\frac{b}{2a}\right)^2=\frac{b^2-4ac}{4a^2}$

となります．x は実数，すなわち左辺は0以上なので，右辺が0以上か負かで状況が違います．

$$\begin{cases} a\neq0 \text{ かつ } b^2-4ac\geqq0 \text{ のとき } x=\frac{-b\pm\sqrt{b^2-4ac}}{2a} \\ a\neq0 \text{ かつ } b^2-4ac<0 \text{ のとき } x \text{ はない．}\end{cases}$$

が答えの一部です．

$a=0$ のときは，方程式は $bx+c=0$ です．よって

$a=0$ かつ $b\neq0$ のとき $x=-\dfrac{c}{b}$

です．$a=b=0$ であれば方程式は $c=0$ なので，

$a=b=0$ かつ $c\neq0$ のとき x はない．
$a=b=c=0$ のとき x はすべての実数．

これで完了です．

それでは，少し練習してみましょう．

（1）c を定数とするとき，x の不等式 $x^2+c\geqq0$ を解け．
（2）a, b を定数とするとき，x の不等式 $ax^2+b\geqq0$ を解け．

（1）$x^2\geqq-c$ なので，$-c$ が0以下か正かで状況が違います．答えは，

$\begin{cases} c\geqq0 \text{ のとき } x \text{ はすべての実数．} \\ c<0 \text{ のとき } x\geqq\sqrt{-c},\ x\leqq-\sqrt{-c}\end{cases}$

です．

（2）両辺を a で割ることができる場合は，

$a>0$ のとき $x^2+\dfrac{b}{a}\geqq0$，$a<0$ のとき $x^2+\dfrac{b}{a}\leqq0$

$a>0$ かつ $b\geqq0$ のとき x はすべての実数．

$a>0$ かつ $b<0$ のとき $x\geqq\sqrt{-\dfrac{b}{a}},\ x\leqq-\sqrt{-\dfrac{b}{a}}$

$a<0$ かつ $b<0$ のとき x はない．

$a<0$ かつ $b\geqq0$ のとき $-\sqrt{-\dfrac{b}{a}}\leqq x\leqq\sqrt{-\dfrac{b}{a}}$

$a=0$ のときは不等式は $b\geqq0$ なので，

$a=0$ かつ $b\geqq0$ のとき x はすべての実数．
$a=0$ かつ $b<0$ のとき x はない．

2次関数

- ■ 要点の整理 ... 30
- ■ 超ミニ講座　グラフの対称移動 ... 33
- ■ 例題と演習題
  - 1　2次方程式／方程式を解く ... 34
  - 2　2次不等式／不等式を解く ... 35
  - 3　ルートがらみの方程式・不等式を解く ... 36
  - 4　2次方程式／実数解をもつ・もたない ... 37
  - 5　2次方程式／解と係数の関係 ... 38
  - 6　2次関数／関数の決定 ... 39
  - 7　2次関数の最大・最小／定義域が一定区間 ... 40
  - 8　2次関数の最大・最小／定義域が動く場合 ... 41
  - 9　2次関数の最大・最小／置き換え ... 42
  - 10　2次関数のグラフ／係数との関係，移動 ... 43
  - 11　2変数関数／等式の条件がない場合，ある場合 ... 44
  - 12　2変数関数／等式の条件が2次式の場合 ... 45
  - 13　2変数関数／対称式の場合 ... 46
  - 14　2変数関数／1文字固定法 ... 47
  - 15　2次方程式の解の配置／基本的処理法 ... 48
  - 16　2次方程式の解の配置／文字定数分離 ... 49
  - 17　2次方程式／絶対値記号つき ... 50
  - 18　2次不等式／すべての x について… ... 51
  - 19　2次不等式／ある範囲で ... 52
  - 20　2次不等式／「すべて」と「ある」がらみ ... 53
- ■ 演習題の解答 ... 54
- ■ ミニ講座・2　定数分離はエライ ... 64
- ■ ミニ講座・3　逆手流 ... 66

2次関数
要点の整理

タイトルは「2次関数」ですが，2次方程式，2次不等式もここで扱います．

1. 2次方程式

1・1 虚数・複素数

数Ⅰ，Ａの範囲で扱う数は「実数」である．2次方程式を実数の範囲で解くと「解なし」の場合があるが，虚数を考えれば解が存在するのである．ここで，虚数の話（数Ⅱの範囲の話）をしておこう．

実数の2乗は負にならないから，
$$x^2 = -1$$
は，実数解（実数である解）をもたない．そこで，2乗して負になる数を導入する．

2乗して -1 になる数（のひとつ）を文字 i で表す．すなわち， $i^2 = -1$

である．この i を **虚数単位** とよぶ．この i を用いると，方程式 $x^2 = -1$ の解は， $x = \pm i$ と表せる．
$$x^2 = -2, \quad x^2 = -3, \quad x^2 = -4$$
という方程式の解はそれぞれ
$$x = \pm\sqrt{2}\,i, \quad x = \pm\sqrt{3}\,i, \quad x = \pm 2i$$
というように求まる．

一般に，
$$z = a + bi \text{（ただし } a,\ b \text{ は実数，} i \text{ は虚数単位）}$$
の形で表される数を **複素数** という．

とくに，上式で $b=0$ とすると，z は実数となる．つまり，実数の集合は複素数の集合に含まれる．複素数のうち，実数でないもの（上式で $b \neq 0$ であるもの）を **虚数** という．

1・2 2次方程式の解の公式

2次方程式 $ax^2 + bx + c = 0$ ……………① （係数は実数で，$a \neq 0$）の解は，
$$x = \frac{-b \pm \sqrt{b^2 - 4ac}}{2a}$$
である．これは2か所に散らばっている x を平方完成によって次のように1か所にすることで導ける．
（証明） $ax^2 + bx + c = 0$ $(a \neq 0)$ のとき，
$$x^2 + \frac{b}{a}x + \frac{c}{a} = 0$$

2か所にある x を1か所にするために平方完成して，
$$\left(x + \frac{b}{2a}\right)^2 = \left(\frac{b}{2a}\right)^2 - \frac{c}{a} \left(= \frac{b^2 - 4ac}{4a^2}\right)$$
$$\therefore \quad x + \frac{b}{2a} = \pm \frac{\sqrt{b^2 - 4ac}}{2a}$$

2次式を扱う上で一番重要な変形は平方完成であり，2次関数のグラフを描くときも必要となる．

1・3 解の判別（判別式）

2次方程式①は，$D = b^2 - 4ac$ とおくと，
- $D > 0$ のときは，異なる2個の実数解をもつ
- $D = 0$ のときは，唯一の実数解を重解にもつ
- $D < 0$ のときは，実数解をもたない
  （異なる2個の虚数解をもつ）

一般に2次方程式は，複素数の範囲で，必ず解を2つもつ（重解は2個と数える）．

また，$D = b^2 - 4ac$ を2次方程式①の **判別式** という．

1・4 解と係数の関係

これも数Ⅱの範囲であるが，数Ⅰの段階でも是非とも身につけておいて欲しい事項である．

2次方程式 $ax^2 + bx + c = 0$ の2解が α，β ……Ⓐ のとき，$ax^2 + bx + c$ は $a(x - \alpha)(x - \beta)$ と因数分解されるから，

Ⓐ $\iff ax^2 + bx + c = a(x - \alpha)(x - \beta)$ （恒等式）
  ［右辺を展開し，両辺の係数を比較］
$\iff \alpha + \beta = -\dfrac{b}{a},\ \alpha\beta = \dfrac{c}{a}$

これを $\Longleftarrow$ で使うと，勝手な2数 α，β を2解にもつ2次方程式が作れる．$\alpha + \beta = h$，$\alpha\beta = l$ とすれば，それは $\quad x^2 - hx + l = 0$

［注］ 「2次方程式の2解が α，β のとき」という場合，通常，$\alpha = \beta$（重解）も含む．"2解"とあるから異なると思い込まないように．

2. 2次関数

2・1 2次関数のグラフと増減

グラフや増減を調べるときは，平方完成して，

$y=a(x-p)^2+q$ の形に直す．この形にすれば，頂点の座標が (p, q) と分かるからである．

一般の2次関数 $y=f(x)=ax^2+bx+c$ ($a \neq 0$) について考えてみよう．

$$y=ax^2+bx+c=a\left(x+\frac{b}{2a}\right)^2-\frac{b^2-4ac}{4a}$$

のグラフは放物線で，その頂点の座標は，b^2-4ac を D とおくと，

$$\left(-\frac{b}{2a}, -\frac{D}{4a}\right)$$

［D は $f(x)=0$ の判別式であり，頂点と密接な関係がある（☞3・2）］

軸は $x=-\frac{b}{2a}$ であり，グラフの概形は右図のようになる．その頂点の y 座標は

$a>0$（下に凸）のとき
　$f(x)$ の最小値
$a<0$（上に凸）のとき
　$f(x)$ の最大値

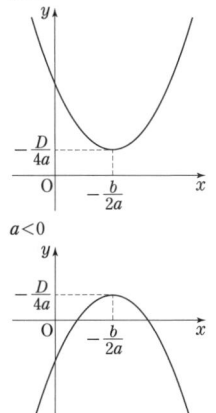

である．頂点の x 座標を p とすれば，$f(x)$ の値は

$a>0$ のとき，$|x-p|$ が大きいほど大きくなる
$a<0$ のとき，$|x-p|$ が大きいほど小さくなる

というように変化することが分かる．

2・2　区間 $\alpha \leqq x \leqq \beta$ における最大・最小

上の $f(x)$ について x の変域が区間 $\alpha \leqq x \leqq \beta$ に制限されている場合を考えよう．グラフの軸（頂点の x 座標）がこの区間に入っているかどうかで，増減の様子が違うことに注意し（入っていなければ増加関数か減少関数である），次のことが分かる．

$a>0$（下に凸）のとき，頂点の x 座標を p として

最大値 $=\max\{f(\alpha), f(\beta)\}$

最小値 $=\begin{cases} f(p) & (\alpha \leqq p \leqq \beta \text{ のとき}\cdots\text{⑦}) \\ \min\{f(\alpha), f(\beta)\} & (\text{⑦でないとき}) \end{cases}$

［注］$a \leqq x \leqq b$, $a<x<b$, $a \leqq x$, $x<b$ などを満たす実数 x 全体の集合を区間という．

3．2次方程式と2次関数のグラフ

3・1　実数解をグラフでとらえる

2次方程式 $ax^2+bx+c=0$ の実数解は，
　$y=ax^2+bx+c$ のグラフと x 軸（$y=0$）
との共有点の x 座標ととらえることができる．ただし，必ずしも「x 軸」との共有点ととらえる必要はなく，例えば，$ax^2+bx+c=mx+n$ の実数解は，
　$y=ax^2+bx+c$ のグラフと直線 $y=mx+n$ の共有点の x 座標ととらえてもよい．

3・2　解の判別

すでに1・3でやっているが，グラフを利用してとらえてみよう．左段の $f(x)=0$，つまり $ax^2+bx+c=0$ について，$a>0$ のとき

　$f(x)=0$ が実数解をもつ（もたない）
　$\iff$ グラフが x 軸と共有点をもつ（もたない）
　$\iff$ 頂点の y 座標 $=-\frac{D}{4a} \leqq 0$ $\left(-\frac{D}{4a}>0\right)$
　$\iff$ 判別式 $D \geqq 0$ ($D<0$)

とくに $D=0$ のとき，グラフは x 軸と接している．

3・3　解の配置

例えば，「$x^2+ax+b=0$ の解がともに $0 \leqq x \leqq 1$ の範囲にあるような a, b の条件を求めよ」
というような問題を，解の配置の問題という．

2次方程式 $ax^2+bx+c=0$ ($a \neq 0$)
の解の配置の問題では，上式の左辺を $f(x)$ とおいて，放物線 $y=f(x)$ と x 軸との共有点の x 座標がもとの2次方程式の実数解であるととらえるのが，オーソドックスですぐれている解法である．

ただし係数が1種類の文字（a とする）からなり，a を含む部分を分離すると a, x それぞれの文字について1次以下の式になる場合は，

　a が入った部分を分離（グラフは直線）し，
　放物線と直線の共有点を考察

するのがうまい方法である（**文字定数を分離**）．

例．$x^2+(a+2)x-a+1=0 \rightleftarrows a(x-1)=-(x+1)^2$
（直線 $y=a(x-1)$ と放物線 $y=-(x+1)^2$ の共有点を考える）

3・4 放物線と直線が接する条件

放物線 $y=ax^2+bx+c$ と直線 $y=mx+n$ が接する
$\iff$ 2次方程式 $ax^2+bx+c=mx+n$ が重解をもつ

4. 不等式

4・1 2次不等式

$\alpha<\beta$ として，
$(x-\alpha)(x-\beta)<0 \iff \alpha<x<\beta$
$(x-\alpha)(x-\beta)>0 \iff x<\alpha$ または $\beta<x$

[$<$，$>$ をそれぞれすべて $\leqq$，$\geqq$ に代えても OK]

4・2 2次不等式と2次関数のグラフ

$f(x)=ax^2+bx+c$ とし，$f(x)=0$ の判別式を D とおく．

$a>0$ のとき

- すべての実数 x について $f(x)>0$ ……………①
  $\iff y=f(x)$ のグラフが x 軸と共有点をもたない
  $\iff$ 判別式 $D<0$

- すべての実数 x について $f(x)\geqq 0$ ……………②
  $\iff$ グラフと x 軸との共有点が1個または0個
  $\iff$ 判別式 $D\leqq 0$

[$a<0$ のときは，①②の $>$，$\geqq$ をそれぞれ $<$，$\leqq$ に代えたものが成り立つ]

4・3 つねに $f(x)\geqq k$ (k は定数)

$f(x)$ ($p\leqq x\leqq q$) がつねに $f(x)\geqq k$
を満たすための条件は，$f(x)$ が最小値をもつならば，
$$f(x) \text{ の最小値} \geqq k \cdots\cdots\cdots\cdots(*)$$
と同値である．

(なお「つねに $f(x)>k$ $\iff$ $f(x)$ の最小値 $>k$」)

そこで，例えば，『グラフが上に凸である2次関数 $f(x)$ ($p\leqq x\leqq q$) について，
つねに $f(x)\geqq k$
$\iff \min\{f(p),\ f(q)\}\geqq k$』

となる．$\min\{f(p),\ f(q)\}\geqq k$ をとらえるとき，$f(p)$ と $f(q)$ の大小で場合分けしたくなるところであるが，実は大小比較は不要で，
$$\iff f(p)\geqq k \text{ かつ } f(q)\geqq k$$
とすればよい．なぜなら，もしも $f(p)$ が最小値なら $f(p)\geqq k$ が成り立つことが条件であるが，このとき $f(q)\geqq k$ も自動的に成り立つので，
$$f(p)\geqq k \iff f(p)\geqq k \text{ かつ } f(q)\geqq k$$
であるからである．

なお，$f(x)$ の値域が $f(x)>m$ の形の場合，$f(x)$ は最小値をもたないが，m を最小値と思うと，ほぼ($*$)が適用できる．

つねに $f(x)\geqq k \iff m\geqq k$
つねに $f(x)>k \iff m\geqq k$

($\sim$ が $>$ ではなくて $\geqq$ なのがほぼの意味)

4・4 $y<f(x)$

xy 平面で $y<f(x)$ が表すものは，曲線 $y=f(x)$ の下側の領域である（境界は含まない）．なお，$y\leqq f(x)$ なら境界を含む．

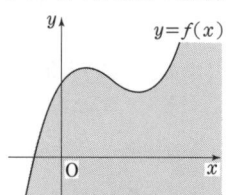

5. グラフの平行移動

2次関数のグラフ（放物線）を平行移動するには，頂点の移動先に着目するだけで用は足りる．なぜなら，2次関数の式は，頂点の座標と2次の係数によって決まり，平行移動で2次の係数は変わらないからである．

ここでは，一般の関数 $y=f(x)$ のグラフの平行移動を考えてみよう．2次関数のグラフの平行移動においても，頂点の座標の値が汚いときなどには，次の公式が便利である．（頂点の座標を求めなくて済むから）

5・1 平行移動の公式

曲線 $C: y=f(x)$ を x 軸方向に a，y 軸方向に b だけ平行移動させて得られる曲線 C' の方程式は，
$$y-b=f(x-a) \quad [y=f(x-a)+b]$$

[解説] 点 P$(X,\ Y)$ が C' 上にあるとする．点 P の平行移動前の位置は，
$(X-a,\ Y-b)$
であるから，
点 $(X,\ Y)$ が C' 上にある
$\iff$ 点 $(X-a,\ Y-b)$ が C 上にある
$\iff Y-b=f(X-a)$

C' 上の点 (X, Y) が満たす関係式が C' の方程式に他ならず，X, Y を x, y に書きかえて，
$$y-b=f(x-a)$$
[注] $C: y=f(x)$ と書いたとき，「：」は比の意味ではなく，$y=f(x)$ のグラフ（曲線）に C という名前がついているという意味である．関数のグラフはある曲線を表すので，曲線 $C: y=f(x)$ などと表現する．このとき，$y=f(x)$ は曲線 C 上の点の x 座標と y 座標の関係を表す式で，曲線 C の方程式という．

6．2変数関数

例えば，$h(x, y)=x^2+xy+y^2$ は，x と y が変数であれば，x と y の2変数関数である．

以下，2変数関数の最大値・最小値や値域を考える．

6・1 一文字固定式（最大値・最小値を求める方法）

x, y がそれぞれ勝手に動くとする．

2変数 x, y のうちの一方，例えば y を固定（定数と見る）すると，その関数は x の関数とみなせる．その最大値は y の式で表せるので $M(y)$ とし，また最小値を $m(y)$ とする．このとき，y を動かしたときの $M(y)$ の最大値がもとの関数の最大値であり，$m(y)$ の最小値がもとの関数の最小値である．

        ＊   ＊

2変数 x, y の間に等式の条件があるときは，次の手法がある（条件つき2変数関数の値域）．

以下では，
「実数 x, y が $f(x, y)=0$ を満たすとき，$g(x, y)$ の値域を求めよ」
というタイプの問題を考える．具体的には，例えば
「実数 x, y が $x+y^2=1$ を満たすとき，x^2+y^2 の値域を求めよ」
とか，
「実数 x, y が $x^2+xy+y^2=1$ を満たすとき，x の値域，および $x-y$ の値域を求めよ」
という問題である．

6・2 一文字消去

$f(x, y)=0$ の条件から，一文字を消去して，$g(x, y)$ の値域をスムーズに求めることができればこの方法で問題ない．（ただし，$x+y^2=1$ という条件から，y^2 を消去すると，$y^2=1-x\geq 0$ により，$x\leq 1$ という条件が x に加わることに注意．消去される文字の条件が，残された文字の変域に制限を与えるのである．）

一文字消去が困難であったり，一文字消去の結果，関数の形が複雑になりすぎて手におえなくなってしまうようなときは，次のようにする．

6・3 逆手流

ある値 k が求める値域に入る
$\iff \begin{cases} f(x, y)=0 \text{ かつ } g(x, y)=k \\ \text{を満たす実数 } x, y \text{ が存在する} \end{cases}$ ……（＊）

ととらえ，この（＊）を成立させるための k の範囲こそが求める値域である．

これだけではよく分からないだろうから，詳しくは p.66 のミニ講座「逆手流」を参照のこと．

超ミニ講座・グラフの対称移動

数Ⅱの座標の話題であるが，平行移動と同様にとらえることができるので，ここで紹介しよう．

• 点対称移動

曲線 $C: y=f(x)$ を点 (p, q) に関して対称移動させて得られる曲線 C' の方程式は，
$$2q-y=f(2p-x)$$

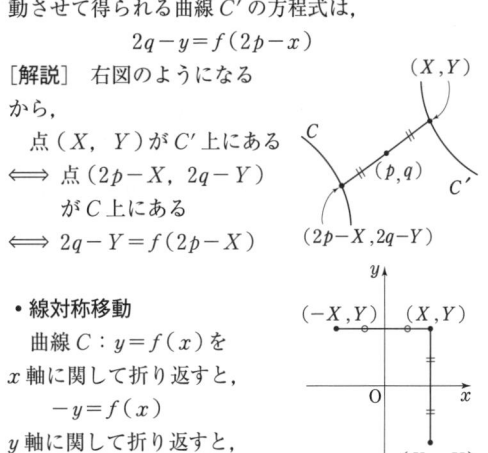

[解説] 右図のようになるから，

点 (X, Y) が C' 上にある
$\iff$ 点 $(2p-X, 2q-Y)$ が C 上にある
$\iff 2q-Y=f(2p-X)$

• 線対称移動

曲線 $C: y=f(x)$ を
x 軸に関して折り返すと，
$\quad -y=f(x)$
y 軸に関して折り返すと，
$\quad y=f(-x)$

1 2次方程式／方程式を解く

(ア) x の方程式 $|x^2-3|+2\sqrt{2}\,x=0$ を解け． （摂南大・工）

(イ) 連立方程式 $x+2y=-5$, $x^2+xy+y^2=16$ を解け． （山梨学院大・経営情報，改題）

(ウ) 方程式 $6x^4+5x^3-38x^2+5x+6=0$ の解 x について，$x+\dfrac{1}{x}=t$ とおくと t の正の値は □ であり，もとの方程式の解 x の中で最も大きいものは □ である． （名城大・農）

【解の公式】 2次方程式 $ax^2+bx+c=0$ ($a\neq 0$) の解は，$x=\dfrac{-b\pm\sqrt{b^2-4ac}}{2a}$

特に，1次の係数が"偶数（2倍の形）"である $ax^2+2bx+c=0$ の解は，$x=\dfrac{-b\pm\sqrt{b^2-ac}}{a}$

解の公式は，2か所に散らばっている x を平方完成によって1か所にすることで導ける（☞p.30）．

【$|f(x)|=g(x)$】 $f(x)$ の符号で場合分けするか，p.17で述べた次の言い換えを使う．［$g(x)\geq 0$ に着目］

$|f(x)|=g(x) \iff$ 「$g(x)\geq 0$ かつ $f(x)=g(x)$」または「$g(x)\geq 0$ かつ $f(x)=-g(x)$」

【相反方程式】 (ウ)のように，係数が左右対称な方程式を相反方程式と言う．相反方程式は，両辺を x^2 で割り，$x+\dfrac{1}{x}=t$ とおいて t の方程式を導いて解くのが定石である．

≡解 答≡

(ア) $|x^2-3|=-2\sqrt{2}\,x$ のとき，左辺≥ 0 なので，$x\leq 0$ のもとで
$x^2-3=-2\sqrt{2}\,x$ と $x^2-3=2\sqrt{2}\,x$
つまり，$x^2+2\sqrt{2}\,x-3=0$ と $x^2-2\sqrt{2}\,x-3=0$ を解けばよい．
$x\leq 0$ を満たすものを求めて，$\boldsymbol{x=-\sqrt{2}-\sqrt{5},\ \sqrt{2}-\sqrt{5}}$

⇦前文で述べた言い換えを使った．
 $-2\sqrt{2}\,x\geq 0$ を忘れないように．

⇦係数にルートが入っていても解の公式は使える．

(イ) 第1式から，$x=-2y-5$ ……① であり，第2式に代入して，
$(-2y-5)^2+(-2y-5)y+y^2=16$
∴ $3y^2+15y+9=0$ ∴ $y^2+5y+3=0$

よって，$\boldsymbol{y=\dfrac{-5\pm\sqrt{13}}{2}}$ であり，①に代入して，$\boldsymbol{x=\mp\sqrt{13}}$ （複号同順）

⇦等式の条件は1文字を消去するのが原則．

⇦y の $\pm$ と x の $\mp$ において，上側同士と下側同士が対応する．

(ウ) $x=0$ は解ではないから，方程式の両辺を $x^2(\neq 0)$ で割って，
$6x^2+5x-38+\dfrac{5}{x}+\dfrac{6}{x^2}=0$ ∴ $6\left(x^2+\dfrac{1}{x^2}\right)+5\left(x+\dfrac{1}{x}\right)-38=0$
∴ $6\left\{\left(x+\dfrac{1}{x}\right)^2-2\right\}+5\left(x+\dfrac{1}{x}\right)-38=0$ ∴ $6t^2+5t-50=0$
∴ $(2t-5)(3t+10)=0$ $t>0$ のとき，$\boldsymbol{t=5/2}$
$x>0$ のとき $t>0$ なので，最大の x は $t=\dfrac{5}{2}$ を満たす．このとき $x+\dfrac{1}{x}=\dfrac{5}{2}$
よって，$2x^2-5x+2=0$ ∴ $(x-2)(2x-1)=0$ よって最大の x は $\boldsymbol{2}$

⇦方程式の左辺は $x=0$ のとき 6 で 0 にはならない．

⇦$t=-\dfrac{10}{3}$ を満たす x は，$x<0$ で最大にはならない．

⇦両辺を $2x$ 倍して整理した．

◯1 演習題 （解答は p.54）

(ア) 連立方程式 $|x+2|+y=1$, $y^2-2x=6$ を解け． （大阪工大・情報科学）

(イ) 4次方程式 $x^4-6x^3-x^2+18x+9=0$ ……① の解を求める．$x=0$ は①の解でないから，$t=x+\dfrac{\boxed{}}{x}$ によっておき換えることにより，t についての2次方程式 $t^2+\boxed{}\,t+\boxed{}=0$ を得る．これを解くと $t=\boxed{}$ となり，よって①の解は $x=\boxed{}$ となる． （法政大・理工）

> (ア) 1文字消去．
> (イ) ①の両辺を x^2 で割る．

◆ 2　2次不等式／不等式を解く

(ア)　連立不等式 $2x^2-x-3<0$, $3x^2+2x-8>0$ を解け． （摂南大・法）

(イ)　不等式 $\dfrac{x+6}{x}>x+2$ を解け． （龍谷大・理工）

(ウ)　x についての不等式 $x^2+3x-5\geqq|x+3|$ を解け． （大阪歯大）

2次不等式はグラフを補助に　2次不等式を解くとき，グラフを補助にすると分かりやすい．
$ax^2+bx+c>0\,(a>0)$ を考えてみよう．$y=ax^2+bx+c$ のグラフと x 軸との共有点の x 座標が $\alpha,\beta\,(\alpha<\beta)$ であれば右のようになり，
　　　$y>0$ となる範囲は，　　$x<\alpha$ または $\beta<x$
である．α,β は $y=0$ の解，つまり $ax^2+bx+c=0$ の2解である．

まとめると　上の場合，$ax^2+bx+c=a(x-\alpha)(x-\beta)$ と因数分解される．$a>0$ のとき，$ax^2+bx+c>0\iff(x-\alpha)(x-\beta)>0$
で，この解は，「$x<\alpha$，$\beta<x$」（α,β の外側）となる．
一方，$y<0$，つまり $(x-\alpha)(x-\beta)<0$ の解は，「$\alpha<x<\beta$」（α,β の間）となる．

分数不等式　分母をはらえばよいが，分母の符号で場合分けが必要である．

絶対値がらみ　グラフを描いて考えるのがよいだろう．（☞p.20）

解答

(ア)　$\begin{cases}2x^2-x-3<0\\3x^2+2x-8>0\end{cases}$　∴　$\begin{cases}(x+1)(2x-3)<0\\(x+2)(3x-4)>0\end{cases}$

∴　$-1<x<\dfrac{3}{2}$　かつ「$x<-2$ または $\dfrac{4}{3}<x$」　∴　$\underline{\dfrac{4}{3}<x<\dfrac{3}{2}}$

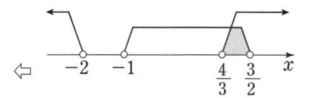

⇦このような問題では 分母≠0（本問では $x\neq0$）を前提とする．

(イ)　1°　$x>0$ のとき，両辺に x を掛けて，$x+6>x(x+2)$

∴　$x^2+x-6<0$　∴　$(x+3)(x-2)<0$　∴　$-3<x<2$

$x>0$ とから，$0<x<2$

2°　$x<0$ のとき，両辺に x を掛けると1°と不等号の向きが逆になり，

$(x+3)(x-2)>0$　∴　$x<-3$ または $2<x$　　$x<0$ とから，$x<-3$

1°，2°より，答えは，$\boldsymbol{x<-3}$ または $\boldsymbol{0<x<2}$

(ウ)　まず，$y=x^2+3x-5$ と $y=|x+3|$ の交点の x 座標を求める．

1°　$x\geqq-3$ のとき，$x^2+3x-5=x+3$

∴　$x^2+2x-8=0$　∴　$(x+4)(x-2)=0$

$x\geqq-3$ を満たす解を求めて，$x=2$

2°　$x\leqq-3$ のとき，$x^2+3x-5=-(x+3)$

∴　$x^2+4x-2=0$

$x\leqq-3$ を満たす解を求めて，$x=-2-\sqrt{6}$

よって，右図のようになるから，求める範囲は
　　$\boldsymbol{x\leqq-2-\sqrt{6}}$ または $\boldsymbol{2\leqq x}$

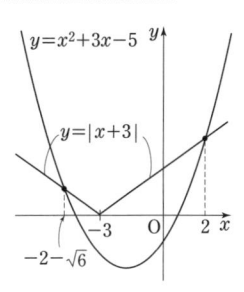

⇦$x^2+3x-5=|x+3|$ を解く．
○1の(ア)で使った方法よりも，絶対値の中身の符号で場合分けした方がよい．

⇦$y=x^2+3x-5$ が $y=|x+3|$ の上側にある範囲を求めればよい．

◯2　演習題 (解答は p.54)

(ア)　連立不等式 $x^2-4x+2>0$, $x^2+2x-8<0$ を解け． （大阪経済大）

(イ)　$x\neq-6$ のとき，不等式 $\dfrac{8}{x+6}<x-1$ の解は ☐ である． （東京都市大）

(ウ)　不等式 $|x^2-2x-5|<x+1$ を解くと，☐ である． （宮崎産業経営大）

(ウ) グラフを活用．

● 3 ルートがらみの方程式・不等式を解く

(ア) $\sqrt{2x-x^2}=1-2x$ を満たす実数 x の値は ___ である． （京都産大・理系）

(イ) $\sqrt{5-x}<x+1$ を解け． （龍谷大・理系（推薦））

(ウ) 不等式 $\sqrt{3-2x}\geqq 2x-1$ を解け． （東京都市大）

【図形問題を解くときにも現れる】 ルートがらみの方程式・不等式のことを，無理方程式・無理不等式と言う．教科書的には数Ⅲの内容だが，図形問題を解くときにも（解法によっては）現れることがあるので，ここで練習しておくことにしよう．

【解くときの注意点】 2乗してルートを解消するが，その際に注意が必要である．

- 2乗すると同値性がくずれる．例えば，$A=B \Longrightarrow A^2=B^2$ であるが，$A^2=B^2 \not\Longrightarrow A=B$ である（例えば，$A=-2$，$B=2$ のとき，$A^2=B^2$ だが，$A=B$ ではない）．また，$A\geqq B \not\Longrightarrow A^2\geqq B^2$ である（例えば，$A=1$，$B=-2$ のときを考えよ）．『$A\geqq B \Longleftrightarrow A^2\geqq B^2$』という同値変形ができるのは，$A\geqq 0$ かつ $B\geqq 0$ のときである．両辺が0以上なら，2乗しても同値である．
- ルートの中は 0 以上であり，$\sqrt{}$ の値は 0 以上である．

実際にどのようにするかは，以下の解答で．

▓ 解 答 ▓

(ア) $\sqrt{2x-x^2}=1-2x \Longleftrightarrow 2x-x^2=(1-2x)^2$ ……① かつ $1-2x\geqq 0$

①を整理すると，$5x^2-6x+1=0$ ∴ $(x-1)(5x-1)=0$

$1-2x\geqq 0$ を満たす x を求めて，$x=\dfrac{1}{5}$

⇐ ①のとき，右辺 $\geqq 0$ により $2x-x^2\geqq 0$ であるから，ルートの中は 0 以上であることが保証される．

(イ) $\sqrt{5-x}<x+1 \Longleftrightarrow 5-x\geqq 0$ かつ $x+1>0$ かつ $5-x<(x+1)^2$

∴ $-1<x\leqq 5$ かつ $x^2+3x-4>0$

∴ $-1<x\leqq 5$ かつ $(x+4)(x-1)>0$ ∴ $\mathbf{1<x\leqq 5}$

⇐ $x+1>\sqrt{5-x}\geqq 0$ により，$x+1>0$．

⇐ $-1<x\leqq 5$ のとき，$x+4>0$

(ウ) $\sqrt{3-2x}\geqq 2x-1$ ……① のとき，$3-2x\geqq 0$ ∴ $x\leqq\dfrac{3}{2}$ ……②

1° ②かつ $2x-1<0$，つまり $x<\dfrac{1}{2}$ のとき，①は成り立つ．

⇐ ①の右辺の符号で場合分け．②のとき，①の右辺 <0 なら①は成立．

2° ②かつ $2x-1\geqq 0$，つまり $\dfrac{1}{2}\leqq x\leqq\dfrac{3}{2}$ のとき，①の両辺を 2 乗しても

同値で，$3-2x\geqq(2x-1)^2$ ∴ $4x^2-2x-2\geqq 0$

∴ $2x^2-x-1\leqq 0$ ∴ $(2x+1)(x-1)\leqq 0$

よって $-\dfrac{1}{2}\leqq x\leqq 1$ であり，$\dfrac{1}{2}\leqq x\leqq\dfrac{3}{2}$ とから，$\dfrac{1}{2}\leqq x\leqq 1$

1°，2°により，答えは，$\mathbf{x\leqq 1}$

○3 演習題 （解答は p.55）

(ア) 方程式 $\sqrt{x^2+\sqrt{x}}+x-1=0$ を解け． （札幌学院大）

(イ) 不等式 $\sqrt{3x^2-12}\leqq x+4$ を満たす x の範囲を求めよ． （明治大・理工）

(ウ) 不等式 $\sqrt{4x-x^2}>3-x$ を満たす x の範囲を求めよ． （学習院大・理）

(エ) $\sqrt{\dfrac{3-x}{2x}}<\dfrac{1}{x}$ を満たす x の値の範囲は ___ である． （関西医大）

⇐ ルートの中は 0 以上，などに注意して解いていく．

◆ 4 2次方程式／実数解をもつ・もたない

（ア） a を実数とする．x の方程式 $ax^2-4x+2a=0$ と $x^2-2ax+2a^2-2a-3=0$ がある．2つの方程式がともに実数解をもつような a の値の範囲は ___(1)___ であり，ともに虚数解をもつような a の値の範囲は ___(2)___ である．　　　　　　　　　　　　　　　　　　　（関西学院大・文系，一部省略）

（イ） a, b を異なる実数とするとき，x に関する方程式 $(x-2a)(x-2b)-(2x-a-3b)=0$ は相異なる2つの実数解をもつことを証明せよ．　　　　　　　　　　　　　　　　　（中部大・工）

2次方程式の判別式　　$ax^2+bx+c=0$（$a\sim c$ は実数で，$a\neq 0$）の解は，$x=\dfrac{-b\pm\sqrt{b^2-4ac}}{2a}$ であるが，$\sqrt{}$ の中身 $D=b^2-4ac$ を判別式という．D の符号によって，次のように判別できる．（符号だけが問題である．1次の係数が"偶数"つまり $2b$ のときは，$D=4(b^2-ac)$ なので，D の代わりに，$D/4=b^2-ac$ を用いる）

- $D>0$ のときは，相異なる2つの実数解をもつ．
- $D=0$ のときは，唯一の実数解をもつ（重解という）．
- $D<0$ のときは，実数解をもたない（相異なる2つの虚数解をもつ）．

なお，実数解をもつ・もたないを示すのに，グラフを利用する方法もある．

▦ 解 答 ▦

（ア）$ax^2-4x+2a=0$ ……①,　$x^2-2ax+2a^2-2a-3=0$ ……②
の判別式をそれぞれ D_1, D_2 とすると（ただし，①は，$a\neq 0$ のとき），
$$D_1/4=4-2a^2\ \cdots\cdots ③,\quad D_2/4=-(a^2-2a-3)\ \cdots\cdots ④$$

（1） ③ ≥ 0 かつ ④ ≥ 0 により，$2-a^2\geq 0$ かつ $-(a+1)(a-3)\geq 0$
$\therefore\ -\sqrt{2}\leq a\leq\sqrt{2}$ かつ $-1\leq a\leq 3$　$\therefore\ -1\leq a\leq\sqrt{2}$（$a\neq 0$）
$a=0$ のとき，①は $x=0$ となり，このときも実数解をもつから，答えは
$$-1\leq a\leq\sqrt{2}$$

（2） ③ <0 かつ ④ <0 により，(1) の途中経過から，
「$a<-\sqrt{2}$ または $\sqrt{2}<a$」 かつ 「$a<-1$ または $3<a$」
$\therefore\ a<-\sqrt{2}$ または $3<a$

（イ） $(x-2a)(x-2b)-(2x-a-3b)=0$ を整理すると，
$$x^2-2(a+b+1)x+4ab+a+3b=0$$
この判別式を D とすると，
$$D/4=(a+b+1)^2-(4ab+a+3b)=a^2+b^2-2ab+a-b+1$$
$$=(a-b)^2+(a-b)+1$$
$a-b=c$ とおくと，$D/4=c^2+c+1=\left(c+\dfrac{1}{2}\right)^2+\dfrac{3}{4}>0$

よって，この方程式は相異なる2つの実数解をもつ．

【（イ）の別解】　$f(x)=(x-2a)(x-2b)-(2x-a-3b)$ とおくと，$y=f(x)$ と x 軸とが異なる2点で交わることを示せばよい．いま，
$$f(2a)=-3(a-b),\quad f(2b)=a-b$$
であり，$a\neq b$ であるから，$f(2a)$ と $f(2b)$ は異符号で，一方は負である．したがって，$y=f(x)$ は x 軸と異なる2点で交わる．

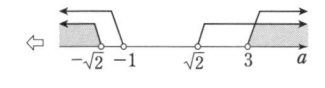

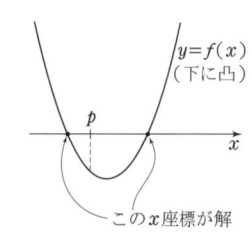

⇐ $a=0$ のとき，①は2次方程式にならないので，あとで個別に考察する．

⇐ (図：数直線 $-\sqrt{2},\ -1,\ \sqrt{2},\ 3$ の範囲図示)

(図：$y=f(x)$ 下に凸のグラフ．p における x 座標が解)

$f(p)<0$ を満たす p が存在するなら，$y=f(x)$ は x 軸と異なる2点で交わり，$f(x)=0$ は異なる2つの実数解（p より小さい解と大きい解）をもつ．

○4 演習題 （解答は p.55）

x に関する実数係数の2次方程式 $ax^2+bx+c=0$（$a\neq 0$）において
(1) $ab>0,\ bc<0$ のとき異なる2つの実数解を持つことを示せ．
(2) $|b|>|a+c|$ のとき異なる2つの実数解を持つことを示せ．　　　　　（名古屋女子大）

例題（イ）の解答，別解どちらの方法でも解ける．

◆5 2次方程式／解と係数の関係

(ア) 2次方程式 $x^2+x+1=0$ の2つの解を α, β とするとき，$\alpha+\beta=\boxed{}$，$\alpha\beta=\boxed{}$ である．また，$\dfrac{4\alpha-1}{2\beta+1}$ と $\dfrac{4\beta-1}{2\alpha+1}$ を2つの解とする2次方程式は $x^2+\boxed{}x+\boxed{}=0$ である．

(明星大・理工，情)

(イ) $x^2-(a+4)x+6a=0$ の2つの解の比が $2:3$ となるような a と，その2つの解を求めよ．

(岐阜経済大)

解と係数の関係 2次方程式 $ax^2+bx+c=0$ の2解が α, β であるとき，係数 a, b, c と解 α, β について，$\alpha+\beta=-\dfrac{b}{a}$，$\alpha\beta=\dfrac{c}{a}$ が成り立つ．これを解と係数の関係と言う．これらの左辺は α, β の基本対称式であるから，α, β の対称式は a, b, c の式で表すことができる．

逆に，勝手な2数 α, β を2解とする2次方程式は，$\alpha+\beta=h$，$\alpha\beta=l$ を満たす h, l を用い，x^2 の係数を1として

$$x^2-hx+l=0$$

である．このように，解と係数の関係を使って，2次方程式を作ることができる．このような使い方にも慣れておこう．

▓解 答▓

(ア) 解と係数の関係により，$\alpha+\beta=-1$，$\alpha\beta=1$

よって，$\dfrac{4\alpha-1}{2\beta+1}+\dfrac{4\beta-1}{2\alpha+1}=\dfrac{(4\alpha-1)(2\alpha+1)+(4\beta-1)(2\beta+1)}{(2\beta+1)(2\alpha+1)}$

$=\dfrac{8(\alpha^2+\beta^2)+2(\alpha+\beta)-2}{4\alpha\beta+2(\alpha+\beta)+1}=\dfrac{8\{(\alpha+\beta)^2-2\alpha\beta\}-2-2}{4-2+1}=-4$　　⇐ $(\alpha+\beta)^2-2\alpha\beta=1-2=-1$ より，分子$=-8-2-2=-12$

$\dfrac{4\alpha-1}{2\beta+1}\cdot\dfrac{4\beta-1}{2\alpha+1}=\dfrac{16\alpha\beta-4(\alpha+\beta)+1}{4\alpha\beta+2(\alpha+\beta)+1}=\dfrac{16+4+1}{4-2+1}=7$

したがって，求める2次方程式は，$x^2+4x+7=0$

➡注　$\alpha^2+\beta^2=(\alpha+\beta)^2-2\alpha\beta=-1$ と計算したが，次に着目してもよい．

「α が方程式 $f(x)=0$ の解」 $\iff f(\alpha)=0$　　解とは，方程式に代入すると成り立つ，ということ．

よって，$\alpha^2+\alpha+1=0$　∴ $\underline{\alpha^2=-\alpha-1}$，同様にして，$\beta^2=-\beta-1$　⇐解の定義を使って次数下げ．

したがって，$\alpha^2+\beta^2=(-\alpha-1)+(-\beta-1)=-(\alpha+\beta)-2=-1$

とすることもできる．

(イ) 2解は $2k, 3k$ とおけて，解と係数の関係により，

$$2k+3k=a+4 \cdots\cdots\text{①}, \quad 2k\cdot 3k=6a \cdots\cdots\text{②}$$

②により，$a=k^2 \cdots\cdots\text{③}$　であるから，①に代入して，

$5k=k^2+4$　∴ $k^2-5k+4=0$　∴ $k=1, 4$

③により，$k=1$ のとき，$a=1$，2解は $2, 3$　　⇐2解は $2k, 3k$

$k=4$ のとき，$a=16$，2解は $8, 12$

◯5 演習題（解答は p.56）

2次方程式 $x^2+x+2=0$ の2つの解を α, β とする．

(1) $\alpha^4+\beta^4=\boxed{}$，$\alpha^5+\beta^5=\boxed{}$ である．

(2) α^9 と β^9 を2つの解とする2次方程式のうち，x^2 の係数が1であるものは　$x^2-\boxed{}x+\boxed{}=0$ である．

(近畿大・理工，薬，工)

> $\alpha^2+\beta^2, \alpha^3+\beta^3$ も求めて計算していく．

◆ 6 2次関数／関数の決定

(ア) 2次関数 $y=ax^2+bx+c$ のグラフが3点 $(-2, 0)$, $(1, 3)$, $(2, -4)$ を通る. a, b, c の値を求めよ. (中央大・経)

(イ) a, b, c を定数とする. 2次関数 $y=ax^2+bx+c$ のグラフは直線 $x=1$ を軸とし, 点 $(0, 7)$, $(3, 11)$ を通る. このとき, a, b, c の値を求めよ. (金沢工大)

2次関数の決定 2次関数は, そのグラフが通る3点の座標が与えられると1つに決まる. また, 頂点の座標が与えられているときは, グラフ上のもう1点の座標が与えられると1つに決まる.

グラフが点Aを通る 「グラフが点Aを通る」⟺「グラフの式にAの座標を代入すると成立」である. 例えば,「$y=ax^2+bx+c$ のグラフが点 $A(u, v)$ を通る」⟺「$v=au^2+bu+c$」である.

2次関数の設定 $y=ax^2+bx+c$ と置くのがベストとは限らない. 頂点の座標 (p, q) を利用して, $y=a(x-p)^2+q$ と設定することもできるし, x 軸と2点で交わるのなら, $y=a(x-\alpha)(x-\beta)$ と設定するのも1つの表現方法である. また, 問題で, $y=ax^2+bx+c$ と与えられていても, これをそのまま利用するのがベストとは限らない. 自分で設定し直した方がよいこともある.

≡ **解 答** ≡

(ア) グラフが3点 $(-2, 0)$, $(1, 3)$, $(2, -4)$ を通るとき,

$$\begin{cases} 0=4a-2b+c & \cdots\cdots ① \\ 3=a+b+c & \cdots\cdots ② \\ -4=4a+2b+c & \cdots\cdots ③ \end{cases}$$

③−① により, $b=-1$ であり, ③+① により, $c=-4a-2$
これらを②に代入して, $3=a-1-4a-2$ ∴ $a=-2$
答えは, $\boldsymbol{a=-2, \ b=-1, \ c=6}$

⇦ まず, ①, ③を組み合わせる.

⇦ このとき, $y=-2x^2-x+6$

(イ) $x=1$ が軸であるから, $\underline{y=a(x-1)^2+d}$ ……………………①
と表せる. このグラフが $(0, 7)$, $(3, 11)$ を通るとき,

$$\begin{cases} 7=a+d & \cdots\cdots ② \\ 11=4a+d & \cdots\cdots ③ \end{cases}$$

③−② により, $a=\dfrac{4}{3}$ ∴ $d=7-\dfrac{4}{3}=\dfrac{17}{3}$

よって, ①に代入して, $y=\dfrac{4}{3}(x-1)^2+\dfrac{17}{3}$ ∴ $y=\dfrac{4}{3}x^2-\dfrac{8}{3}x+7$

答えは, $\boldsymbol{a=\dfrac{4}{3}, \ b=-\dfrac{8}{3}, \ c=7}$

⇦ 頂点は軸上にあることに着目し, 頂点を $(1, d)$ と設定して, 2次関数を設定し直した. (2次の係数は, 問題文から a である.)

♢6 演習題 (解答は p.56)

2次関数 $y=ax^2+bx+c$ のグラフが x 軸に接し, 2点 $(1, -3)$, $(-5, -75)$ を通るとき, a, b, c の値を求めよ. (中部大・工)

設定し直そう.

7 2次関数の最大・最小／定義域が一定区間

x の 2 次関数 $y=x^2-2kx+k+1$ の $-1\leqq x\leqq 1$ における最大値を M, 最小値を m とする. M, m を k で表せ. また, $M-m=f(k)$ とおくとき, $Y=f(k)$ のグラフを描け. （奈良大, 一部省略）

（平方完成） 2次関数の値の変化の様子をとらえるには, $y=d(x-p)^2+q$ の形（平方完成）にすることが絶対的であって（x が1か所にしか登場しないので, 関数値の変化の様子がよく分かるようになる）, 関数値は

$d>0$ …… $|x-p|$ が大きいほど大きくなる
$d<0$ …… $|x-p|$ が大きいほど小さくなる

というように変化することが分かる.

（最大・最小） 下に凸（2次の係数が正）の場合, 区間 $\alpha\leqq x\leqq\beta$ における最大・最小は下のよう.

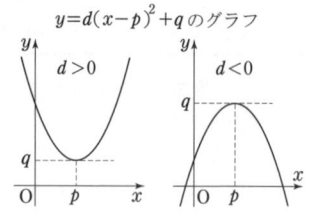

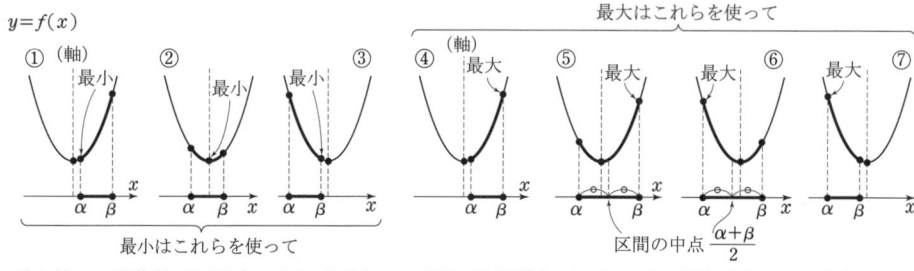

最小値は, 対称軸が区間内であれば頂点の y 座標（上図②）, なければ対称軸に近い方の端点の y 座標である（①, ③）. 最大値は, 対称軸から遠い方の端点の y 座標, つまり対称軸が区間の中点より左側にあれば $f(\beta)$（④, ⑤）, 右側にあれば $f(\alpha)$（⑥, ⑦）である.

解答

$g(x)=x^2-2kx+k+1$ ……⑦ とおくと, $g(x)=(x-k)^2-k^2+k+1$ であるから, $y=g(x)$ のグラフは下に凸で, 軸は $x=k$ である.

区間 $-1\leqq x\leqq 1$ における最大値は, 区間の中点が $x=0$ であることから,

$k\leqq 0$ のとき, $M=g(1)=-k+2$ （⑦に代入した）
$0\leqq k$ のとき, $M=g(-1)=3k+2$

また, $-1\leqq x\leqq 1$ における最小値は, 軸が区間に入るかどうかに着目して,

$-1\leqq k\leqq 1$ のとき, $m=g(k)=-k^2+k+1$
$k<-1$ のとき, $m=g(-1)=3k+2$
$1<k$ のとき, $m=g(1)=-k+2$

以上により, $M-m=f(k)$ は, 次のようになる.

k	M	m	$f(k)$
$k<-1$	$-k+2$	$3k+2$	$-4k$
$-1\leqq k\leqq 0$	$-k+2$	$-k^2+k+1$	$(k-1)^2$
$0\leqq k\leqq 1$	$3k+2$	$-k^2+k+1$	$(k+1)^2$
$1<k$	$3k+2$	$-k+2$	$4k$

よって, $Y=f(k)$ のグラフは右図の太線のようになる.

［注］ M, m は k で表されるから, $M-m$ は k の関数と見ることができ, それを $f(k)$ とおいている.

⇦軸と区間の中点の位置関係で場合分けする（上図④と⑤のケースと, ⑥と⑦のケースとで場合分け）.

⇦上図の②①③で場合分けする.

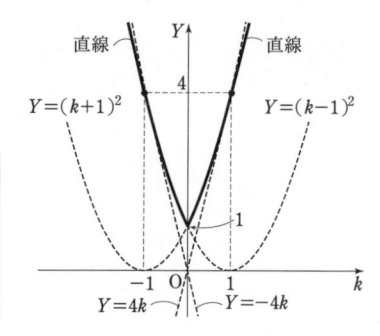

◯7 演習題（解答は p.56）

a を実数とする. 関数 $f(x)=(7-4a)x^2-4x+a$ の $0\leqq x\leqq 1$ での最大値を $m(a)$ としたとき, $m(a)$ が最も小さくなる場合の a の値を求めよ. （尾道大）

◯8 の手法を使って解こう.

8 2次関数の最大・最小／定義域が動く場合

a を実数とする．定義域が $a \leq x \leq a+4$ である関数 $f(x) = -x^2 - 4x - 6$ の最大値は a の関数であるので，これを $M(a)$ と表す．同じく，最小値を $m(a)$ と表す．$M(a)$, $m(a)$ を求め，$b = M(a)$, $b = m(a)$ のグラフを ab 平面に（別々に）書け．

（名古屋学院大）

最大・最小となる候補を利用 前問は，定義域が一定区間に決まっていて，関数の方が変化したが，本問は，関数の方が決まっていて，定義域の方が動く問題である．とは言っても，前問と同様に解くことができる．ここでは，前問と違うアプローチを紹介しよう．（なお，これらの解法は，関数と定義域がともに変化するときも通用する．）

左ページの①～⑦のグラフから分かるように，$y = d(x-p)^2 + q$ のグラフが下に凸の場合，
- 区間 $\alpha \leq x \leq \beta$ における最小値は，
  $x = p$ が区間内にあれば，頂点の y 座標 q
  そうでなければ，区間の端点での値 $f(\alpha)$, $f(\beta)$ のうちの小さい方
- 区間 $\alpha \leq x \leq \beta$ における最大値は，区間の端点での値 $f(\alpha)$, $f(\beta)$ のうちの大きい方

である．結局，「最大値や最小値になる可能性のある点は，頂点と両端点の3つのみ」であるから，「頂点の y 座標（頂点が区間内にあるとき），および区間の端点の y 座標からなる3つのグラフを描いておき，最も高いところをたどったものが最大値のグラフ，最も低いところをたどったものが最小値のグラフである」

これは，グラフが下に凸な場合のみならず，上に凸な場合についても成り立つ．

解答

$y = f(x)$ のグラフは上に凸である．$f(x) = -(x+2)^2 - 2$ ($a \leq x \leq a+4$) であるから，頂点の x 座標が $a \leq x \leq a+4$ にあるとき ($\iff a \leq -2 \leq a+4$)，すなわち，$-6 \leq a \leq -2$ のとき，$M(a) = f(-2) = -2$

それ以外のとき，$M(a) = \max\{f(a), f(a+4)\}$

つぎに，$f(x)$ の最小値は定義域の端点で取るから，
$$m(a) = \min\{f(a), f(a+4)\}$$

ここで，$f(a) = -(a+2)^2 - 2$
$f(a+4) = -\{(a+4)+2\}^2 - 2 = -(a+6)^2 - 2$

であるから，$b = f(a)$, $b = f(a+4)$ のグラフは図1のようになる．

よって，$b = M(a)$, $b = m(a)$ のグラフは，図2，図3の太線である．

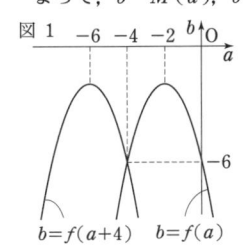

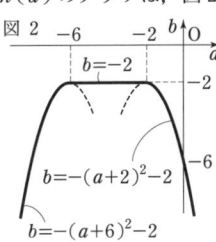

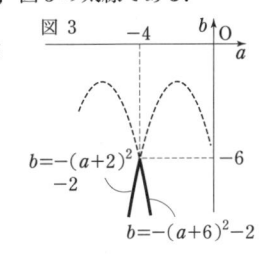

⇦ $\max\{p, q\}$ は，p, q のうちの大きい方（小さくない方）の値を表す（$\min\{p, q\}$ は，p, q のうちの小さい方（大きくない方）の値を表す）．

⇦ 一般に $b = f(a+4)$ のグラフは，$b = f(a)$ のグラフを a 軸方向に -4 だけ平行移動したものである．
（☞ p.32, 5・1）

図1 $b = f(a+4)$ $b = f(a)$
図2 $b = -(a+2)^2 - 2$ $b = -(a+6)^2 - 2$
図3 $b = -(a+2)^2$ $b = -(a+6)^2 - 2$

○8 演習題 （解答は p.57）

(ア) $f(x) = x^2 + 2x + 2$ の $a \leq x \leq a+1$ における最大値を M，最小値を m とする．$M - m = 1$ を満たす a の値は ☐ であり，$M - m$ は $a = $ ☐ のとき最小値 ☐ をとる．
（星城大，一部省略）

(イ) 関数 $f(x) = |x^2 - 2x|$ の $a \leq x \leq a+1$ ($a \geq 0$) における最大値 $g(a)$ を求めよ．また $g(a)$ を最小にする a を求めよ．
（明星大）

(ア) ○7，○8のどちらの解法で解いてもよいだろう．
(イ) 最大値の候補を活用しよう．

9　2次関数の最大・最小／置き換え

関数 $y=(x^2+2x)^2+2a(x^2+2x)+b$ について，最小値は -4 であり，$x=1$ のとき $y=13$ である．このとき，定数 a, b の値を求めよ． （大阪学院大・情報，改題）

かたまりを置く　本問の y は x の4次関数であるが，$x^2+2x=X$ とおくと X の2次関数である．当然このようにおくところであるが，X は全実数値を動けるとは限らないことに要注意．一般に文字の置き換えをしたら，置き換え後の文字の取り得る値の範囲を押さえることを忘れないように．

本問では　$x=1$ のとき $y=13$ であることから，まず b を a で表そう．

解答

$x=1$ のとき $y=13$ であるから，$3^2+2a\cdot 3+b=13$
$$\therefore\ b=-6a+4 \quad \cdots\cdots ①$$
$X=x^2+2x$ とおくと，$X=(x+1)^2-1$ であるから，X の取り得る値の範囲は，
$$X\geqq -1$$
よって，$y=(x^2+2x)^2+2a(x^2+2x)+b$ の最小値は，
$$y=X^2+2aX-6a+4 \quad \cdots\cdots ② \quad (X\geqq -1)$$
の最小値に等しい．

したがって，$y=(X+a)^2-a^2-6a+4 \ (X\geqq -1)$
の最小値が -4 である．

軸 $X=-a$ が $X\geqq -1$ にあるかどうかで場合分けして（右図），

1°　$-a<-1$，すなわち，$a>1$ のとき 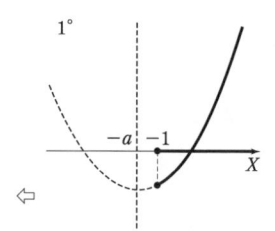
$X=-1$ のとき最小で，②により，
$$(-1)^2+2a(-1)-6a+4=-4$$
$\therefore\ 8a=9 \quad \therefore\ a=\dfrac{9}{8}(>1)$ 　①に代入して，$b=-6\cdot\dfrac{9}{8}+4=-\dfrac{11}{4}$

2°　$-a\geqq -1$，すなわち，$a\leqq 1$ のとき 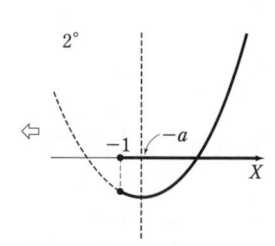
$X=-a$ のとき最小で，
$$-a^2-6a+4=-4$$
$\therefore\ a^2+6a-8=0 \quad \therefore\ a=-3\pm\sqrt{17}$
$a\leqq 1$ により，$a=-3-\sqrt{17}$ であり，①に代入して，
$$b=-6(-3-\sqrt{17})+4=22+6\sqrt{17}$$

⇐ $\sqrt{17}>\sqrt{16}=4$

以上により，求める a, b の値は，
$$a=\dfrac{9}{8},\ b=-\dfrac{11}{4} \quad \text{または} \quad a=-3-\sqrt{17},\ b=22+6\sqrt{17}$$

○9 演習題（解答は p.58）

$f(x)=a(x^2-4x+5)^2+2ab(x^2-4x+5)+1 \ (a>0, b>0)$ は最小値 7 をもち，$f(-1)=241$ であるという．このとき $a=\boxed{}$，$b=\boxed{}$，$f(\boxed{})=7$ である．
さらに，$1\leqq x\leqq k \ (k>3)$ において $f(x)$ が最大となるのは $x=\boxed{}$ のときであり，$1\leqq x\leqq k \ (1<k<3)$ において $f(x)$ が最大となるのは $x=\boxed{}$ のときである．
（産業能率大，改題）

後半は $X=x^2-4x+5$ のグラフを考える．

10 2次関数のグラフ／係数との関係，移動

(ア) 関数 $y=ax^2+bx+c$ のグラフが右図であるとき，a, b, c と b^2-4ac の正負を判定せよ． (北海道工大，一部追加)

(イ) 放物線 $y=-2x^2+4x-4$ を x 軸に関して対称移動し，更に x 軸の方向に 8，y 軸の方向に 4 だけ平行移動して得られる放物線の方程式は
$y=\boxed{}x^2-\boxed{}x+\boxed{}$ である． (慶大・商)

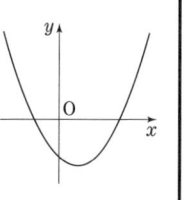

グラフを特徴づけるもの　2次関数のグラフを大まかにとらえるときは，
0° 下に凸か上に凸か（2次の係数の符号）
1° x 軸と共有点をもつかどうか（判別式の符号）
2° 軸の位置（頂点の位置）
にまず着目しよう．

グラフの移動　2次関数の式は，頂点の座標と2次の係数で決まる．よって，2次関数のグラフの移動では，頂点を移動させれば用は足りる．2次の係数については，平行移動や y 軸に関する対称移動の場合は移動前と同じであるが，点対称移動や x 軸に関する対称移動の場合は，符号が逆転する．

なお，頂点の座標の値が汚い場合は，平行移動の公式「曲線 $y=f(x)$ を x 軸方向に a，y 軸方向に b だけ平行移動した曲線の方程式は $y-b=f(x-a)$」(☞p.32)を用いると省力化できる．

解答

(ア) $f(x)=ax^2+bx+c$ とおく．$y=f(x)$ の軸は $x=-\dfrac{b}{2a}$ である．

グラフが下に凸であるから，$\boldsymbol{a>0}$．

軸が $x>0$ にあるから，$-\dfrac{b}{2a}>0$．$a>0$ とから，$\boldsymbol{b<0}$

y 軸との交点の y 座標が負であるから，$f(0)<0$　∴ $\boldsymbol{c<0}$

x 軸と異なる2点で交わるから，$f(x)=0$ は異なる2つの実数解をもつ．よって，判別式は正であるから，$\boldsymbol{b^2-4ac>0}$

(イ) $y=-2x^2+4x-4$ のとき，$y=-2(x-1)^2-2$ であるから，頂点の座標は $(1, -2)$ である．この放物線を x 軸に関して折り返すと，頂点は $(1, 2)$ に移り，2次の係数は符号が逆転して 2 になる．さらに x 軸方向に 8，y 軸方向に 4 だけ平行移動すると，頂点は $(9, 6)$ に移る（2次の係数はそのまま）から，移動後の放物線の方程式は，$y=2(x-9)^2+6$

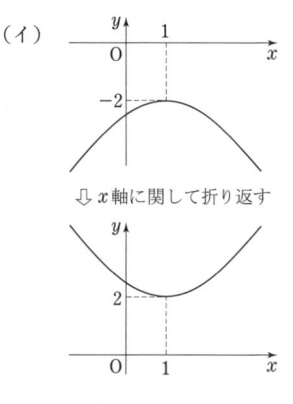

∴ $\boldsymbol{y=2x^2-36x+168}$

10 演習題 (解答は p.58)

(ア) 2次関数 $y=ax^2+bx+c$ のグラフの頂点の座標を (α, β) とする．
　(A) $\alpha<0$, $\beta<0$
　(B) $y=ax^2+bx+c$ のグラフは x 軸と $x=1$ で交わる
このとき，a, b, c, $a-b+c$ の符号を求めよ． (藤田保健衛生大)

(イ) 関数 $y=-x^2-2x-2$ のグラフを x 軸方向に p，y 軸方向に q 移動し，x 軸に対して対称に反転すると，$y=x^2-4x+3$ のグラフとなった．p の値と q の値を求めなさい． (大阪経済大)

(ウ) 2次関数 $y=-x^2+ax+b$ のグラフを x 軸の方向に 3，y 軸の方向に -2 だけ平行移動すると，2点 $(2, -18)$, $(3, -5)$ を通るという．このとき $a=\boxed{}$, $b=\boxed{}$ である． (拓大・工)

(ア) $a-b+c$ と何を結びつけるか？
(イ) 頂点を追いかけよう．
(ウ) 問題文に書いてある順で考えるか，あるいは？

11 2変数関数／等式の条件がない場合，ある場合

（ア）（1） x, y の関数 $P = x^2 + 3y^2 + 4x - 6y + 2$ の最小値を求めよ．また，そのときの x, y の値を示せ．

（2） $0 \leq x \leq 3$, $0 \leq y \leq 3$ のとき，（1）の関数 P の最大値および最小値を求めよ．また，それぞれの場合の x, y の値を示せ．

（3） x, y の関数 $Q = x^2 - 6xy + 10y^2 - 2x + 2y + 2$ の最小値を求めよ．また，そのときの x, y の値を示せ． （豊橋技科大）

（イ） $x + y = 1$, $x \geq 0$, $y \geq 0$ のとき，$x - 2y^2$ の最小値は □，最大値は □ である． （関西大・理工系，改題）

x, y の 2 次の 2 変数関数 変数が 2 個以上あっても，等式の条件などなくてそれぞれ独立に（無関係に）動けるとき，平方完成によって 2 次式で表された関数の最大・最小値を求めることができる．具体的には，x, y の 2 次式があるとき，まずその 2 次式を x の式と考えて（y は定数と見なす）整理し，平方完成する．すると定数項は x を含まない y の式（2 次式）で，それを y について平方完成する．

等式の条件 1 次の等式の条件が 1 個与えられたら，それを使ってどれか 1 文字を消去するのが原則的な手法である．（イ）の場合，等式の条件から，x を y で表すことができる．この際

消去される文字 x についている条件（$x \geq 0$）を y に反映させる

ことを忘れないように．結局，（イ）は見かけは 2 変数関数であるが，実質的には 1 変数関数にすぎない．

解答

（ア）（1） $P = x^2 + 4x + 3y^2 - 6y + 2$　　　　⇦ まず x について整理．
$= (x+2)^2 + 3y^2 - 6y - 2 = (x+2)^2 + 3(y-1)^2 - 5$ ……①

これは $x = -2$, $y = 1$ のとき最小値 -5 をとる．

（2） ①は，$|x+2|$ が大きいほど，$|y-1|$ が大きいほど大きい．よって，$0 \leq x \leq 3$, $0 \leq y \leq 3$ のとき，①は $x = 3$, $y = 3$ のとき最大となり，最大値は $5^2 + 3 \cdot 2^2 - 5 = 32$ である．また，$x = 0$, $y = 1$ のとき最小となり，最小値は $2^2 - 5 = -1$ である．

（3） $Q = x^2 - 2(3y+1)x + 10y^2 + 2y + 2$　　　　⇦ まず x について整理．
$= \{x - (3y+1)\}^2 - (3y+1)^2 + 10y^2 + 2y + 2$
$= \{x - (3y+1)\}^2 + y^2 - 4y + 1 = \{x - (3y+1)\}^2 + (y-2)^2 - 3$

$y - 2 = 0$ かつ $x = 3y+1$, すなわち，$y = 2$, $x = 7$ のときに最小値 -3 をとる．

（イ） $x + y = 1$ により，$\underline{x = 1 - y}$．$x \geq 0$, $y \geq 0$ により，$0 \leq y \leq 1$ ……①　　⇦ x を消去した方が，少しラク．

$x - 2y^2 = 1 - y - 2y^2 = -2\left(y + \dfrac{1}{4}\right)^2 + \dfrac{9}{8}$

これは①のとき，$y = 1$ で最小値 $\underline{1 - 1 - 2 = -2}$, $y = 0$ で最大値 $\underline{1}$ をとる．　　⇦ $1 - y - 2y^2$ に代入．

○11 演習題（解答は p.59）

（ア） 実数 x, y, z の間に $x + 2y + 3z = 7$ という関係があるとき，$x^2 + y^2 + z^2$ の最小値と，そのときの x, y, z の値を求めよ． （早大・人間科学）

（イ）（1） $x + 2y = 10$ のとき，$x^2 + y^2$ の最小値とそのときの x, y の値を求めよ．

（2） $g(x) = 15x - 50$ とする．$x + 2y = 10$, $x \geq 0$, $y \geq 0$ のとき，$|x^2 + y^2 - g(x)| + g(x)$ の最大値，最小値とそのときの x, y の値を求めよ． （尾道大）

（ア）（イ）とも 1 文字消去をする．

● 12 2変数関数／等式の条件が2次式の場合

(ア) 実数 x, y が $x^2+y^2=1$ をみたすとき, x^2+4y は $(x, y)=(\boxed{}, \boxed{})$ のとき最大値 $\boxed{}$ をとり, $(x, y)=(\boxed{}, \boxed{})$ のとき最小値 $\boxed{}$ をとる. (東海大・理, 工)

(イ) 実数 x, y が $x^2-2xy+2y^2=8$ を満たすとき, $x+y$ の最大値と最小値を求めよ.
(名古屋学院大, 一部省略)

等式の条件が2次の場合 (ア)の場合, $x^2=1-y^2$ として x を消去すれば前問と同様に解ける. ここで, x の範囲に制限がないから, y に反映させる条件はない, とすると大間違いである. 例えば $y=2$ とすると, $x^2=-3$ となるがこれを満たす実数 x は存在しない!

つまり, x が実数であるための条件 $x^2 \geqq 0$ を y に反映させる必要がある. (x が実数で存在する条件)

一方, (イ)の場合, 無理に1文字を消去して x を y で表せば, $x=y \pm \sqrt{8-y^2}$ というやっかいなものが登場してしまう. こんなときは, 次の手法が威力を発揮する. (「大学への数学」では"逆手流"と呼んでいる)

$f(x, y)=0$ のとき, $g(x, y)$ の取り得る値の範囲 I を求めるとする. ある値 k について,

k が I の範囲に入る $\iff$ 『$f(x, y)=0$ かつ $g(x, y)=k$ を満たす実数 x, y が存在する』

本問の場合, $f(x, y)=x^2-2xy+2y^2-8$, $g(x, y)=x+y$ であり, 『 』から得られる k の条件 (範囲) が I になるわけである. なお, 逆手流については, 詳しくは ☞ p.66.

解 答

(ア) $x^2+y^2=1$ により, $x^2=1-y^2$
$x^2 \geqq 0$ であるから, $1-y^2 \geqq 0$ ∴ $-1 \leqq y \leqq 1$
このとき, $x^2+4y=(1-y^2)+4y=-(y-2)^2+5$
よって, $y=1$ (このとき $x=0$) のとき最大値 4
$y=-1$ (このとき $x=0$) のとき最小値 -4

⇦ x の実数条件. なお, $x^2+y^2=1$ は右図の単位円を表すことからも $-1 \leqq y \leqq 1$ が分かる.

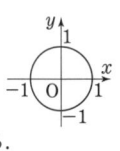

(イ) $x+y$ が k という実数値を取り得る.
$\iff x+y=k$ かつ $x^2-2xy+2y^2=8$ を満たす実数 x, y が存在する.
$\iff x^2-2x(k-x)+2(k-x)^2=8$ ……① ($y=k-x$ ……②)
を満たす実数 x が存在する.

⇦ ②を使って y を消去. なお, x が実数なら②から y が実数であるから, $\Longleftarrow$ が言える.

ここで, ①を整理すると,
$$5x^2-6kx+2k^2-8=0$$
これを満たす実数 x が存在するための条件は, 上式を x の2次方程式と見たときの判別式を D とすると, $D \geqq 0$ であるから,
$D/4=(3k)^2-5(2k^2-8) \geqq 0$ ∴ $k^2 \leqq 40$ ∴ $-2\sqrt{10} \leqq k \leqq 2\sqrt{10}$
よって, $x+y$ の最大値は $2\sqrt{10}$, 最小値は $-2\sqrt{10}$ である.

⇦ 少なくとも1つ実数解を持たなければならない. その条件は $D \geqq 0$.

○ 12 演習題 (解答は p.59)

(ア) x, y が $x^2+2y^2=1$ をみたすとき, $2x+3y^2$ の最大値は $\boxed{}$ で, 最小値は $\boxed{}$ である. (明海大・歯)

(イ) (1) 実数 x, y が $x^2-xy+y^2-y-1=0$ をみたすとき, y の最大値は $\boxed{}$ で, 最小値は $\boxed{}$ である. (愛知工大)

(2) 実数 x, y が $x^2-2x+y^2=1$ を満たすとき, $x+y$ の最大値は $\boxed{}$, 最小値は $\boxed{}$ である. (広島工大)

(ア) 実数条件を忘れないように.
(イ) 逆手流を使う.

◆13 2変数関数／対称式の場合

x と y は $x^2+xy+y^2=1$ を満たす実数とする．また，$w=xy-x-y$ とする．
（1）$p=x+y$ とするとき，w を p で表せ．
（2）実数 x と y が $x^2+xy+y^2=1$ を満たして動くとき，w の値のとりうる範囲を求めよ．

(大阪教育大－後)

条件式と値域を調べる式がともに対称式の場合 対称式は必ず基本対称式を用いて表せる．x と y の対称式の場合，$x+y=u$, $xy=v$ とおけば，u と v の式に直せる．

まず，条件式と値域を調べる式を u, v の式に直す．u, v の式に直すことで，x, y を消去するわけである．すると，消去される文字 x, y の条件をすべて u, v に反映させなければならない．ここで，「x, y が実数」という条件を反映させるのに，「u, v が実数」だけでよいのだろうか？ もちろん「x, y が実数」$\Longrightarrow$「u, v 実数」は成り立つ．逆に，「u, v が実数」$\Longrightarrow$「x, y が実数」は成り立つのだろうか？ ここが問題である．

例えば，$u=2$, $v=2$ となり得るのだろうか？ これを調べるには，x, y を求めてみればよい．解と係数の関係により，$u=2$, $v=2$ を満たす x, y は，$t^2-2t+2=0$ の2解である．この方程式の判別式 D について，$D/4=1-2<0$ であるから，x, y は実数ではない．つまり「u, v が実数」であっても，「x, y は実数」とは限らないのである．

x, y は $t^2-ut+v=0$ の2解であるから，x, y が実数という条件を，判別式≧0 により，
$$u^2-4v\geq 0$$
と u, v に反映させる必要がある．この実数条件は，忘れがちなので，とくに注意しよう．

≡解 答≡

（1）$x^2+xy+y^2=1$ により，
$(x+y)^2-xy=1$　∴　$p^2-xy=1$　∴　$\underline{xy=p^2-1}$　　　⇦まず xy を $p(=x+y)$ で表す．
$w=xy-(x+y)$ を p で表すと，$\underline{w=p^2-p-1}$ ……………①

（2）まず，p の取り得る値の範囲を求める．
$x+y=p$, $xy=p^2-1$ により，x, y は t の2次方程式
$$t^2-pt+p^2-1=0$$
の2解である．x, y が実数である条件は，判別式 D について，$D\geq 0$

⇦解と係数の関係．本問の場合，前文で述べた x, y の満たす方程式 $t^2-ut+v=0$ は，$t^2-pt+p^2-1=0$ である．

よって，$D=p^2-4(p^2-1)=4-3p^2\geq 0$　∴　$-\dfrac{2}{\sqrt{3}}\leq p\leq\dfrac{2}{\sqrt{3}}$ ………②

①により，$w=\left(p-\dfrac{1}{2}\right)^2-\dfrac{5}{4}$

よって②において，w は $p=\dfrac{1}{2}$ で最小，$p=-\dfrac{2}{\sqrt{3}}$ で最大となるから，w の値の取り得る範囲は
$$-\dfrac{5}{4}\leq w\leq \dfrac{1}{3}+\dfrac{2\sqrt{3}}{3}$$

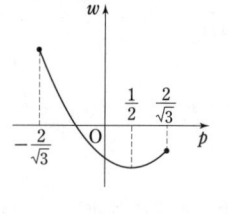

⇦最大値は①に代入して計算．

⚪︎13 演習題（解答は p.60）

（ア）x, y が $x+y=4$ および $x\geq 0$, $y\geq 0$ を満たすとき，$x^2y^2+x^2+y^2+xy$ の最小値は☐，最大値は☐ となる．　(東京工科大・コンピュータ)

（イ）x と y は $x^2-xy+y^2=9$ を満たす実数とする．このとき，$x^2+y^2+2(x+y)$ の最大値と最小値を求めよ．また，最大値と最小値を与える x, y の値をそれぞれ求めよ．　(神戸学院大・リハビリ，薬)

(ア) $xy=t$ とおく．t の変域は，y を消去して t を x の関数と見ればよい．

14 2変数関数／1文字固定法

$x \geqq 0$, $y \geqq 0$, $x+y \leqq 2$ を同時に満たす x, y に対し,
$$z = 2xy + ax + 4y$$
の最大値を求めよ．ただし，a は負の定数とする．

(東京経済大，改題)

1文字固定法　例題12や13のときと違い，本問では2変数 x, y の間には等式の関係はない．
こういう本格的な2変数関数を扱うときの原則は，

とりあえず，2変数のうちの1変数を固定してしまう（定数とする）

という考え方である．仮に，y が整数だとして本問を考えると，y は 0, 1, 2 の値を取る．そこで，$y = 0, 1, 2$ のそれぞれの場合について，x の1変数関数である z の最大値をそれぞれ M_0, M_1, M_2 とすると，求める最大値は，

M_0, M_1, M_2 のうちの最大のもの

であることは明らかであろう．例えば，日本を3ブロックに分けたときのそれぞれの優勝者を M_0, M_1, M_2 とすると，日本一の者はこの3人の中にいるはず，ということである．

M_0, M_1, M_2 はいわばブロック予選の勝者で，そういう勝者を集めておこなった決勝戦の勝者こそが，真のチャンピオンであるということである．

「とりあえず1文字を固定する」というのは数学の重要な考え方の1つなので，きちんと身につけておこう．

解答

$y \geqq 0$, $x + y \leqq 2$ により，$x \leqq 2$ である．よって x の範囲は，$0 \leqq x \leqq 2$ ……①
とりあえず x を t に固定すると，$z = 2ty + at + 4y$．これを y の1次関数と見て，
$$z = (2t+4)y + at \quad (0 \leqq y \leqq 2-t) \quad \cdots\cdots ☆$$
$2t + 4 > 0$ により，これは増加関数であるから，x を t に固定したときの z の最大値は，$y = 2 - t$ のときの
$$(2t+4)(2-t) + at = -2t^2 + at + 8 \quad \cdots\cdots ②$$
である．ここで，t を動かす．すなわち，②を t の関数と見なす．①により，t の定義域は $0 \leqq t \leqq 2$ であり，この範囲では，$a < 0$ により②は減少関数であるから，$t = 0$ で最大値 8 をとる．以上により，求める最大値は **8** である．

⇔ x を定数 t にする．（x を定数とする）

⇔ ②はブロック予選の優勝者（たとえば「$x = 1$ ブロック」の優勝者は $a + 6$ である）

⇔ $-2t^2$, at はともに減少関数（グラフを考えれば明らか）．

➡注　上の解答の流れをもう一度説明しよう．

$x \geqq 0$, $y \geqq 0$, $x + y \leqq 2$ を満たす点 (x, y) は右図網目部上にある．P(x, y) がこの網目部を動くときの z の最大値を求めればよい．
とりあえず x を固定（右図では $x = t$ に固定）すると，点 P は右図の太線分上を動く．このときの z の最大値が②である．図の太線分を，$0 \leqq t \leqq 2$ で動かせば，網目部全体を描くので，②を $0 \leqq t \leqq 2$ で動かしたときの最大値が求める値である．まとめると，

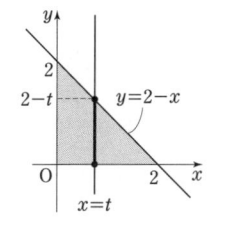

1° x を t に固定，y の関数と見る．
2° y を動かして最大値を t で表す．
3° 2°の t の式を t の関数と見て，その最大値を求める．

⇔ y が太線分上を動くとき，☆により，z は y の増加関数であるから，$y = 2 - t$ のとき最大となり，その最大値が②である．

♢14 演習題（解答は p.60）

xy 平面内の領域 $-1 \leqq x \leqq 1$, $-1 \leqq y \leqq 1$ において
$$1 - ax - by - axy$$
の最小値が正となるような定数 a, b を座標とする点 (a, b) の範囲を図示せよ．

(東大・文系)

1文字固定法の威力が分かるはず．

● 15 2次方程式の解の配置／基本的処理法

$x^2+ax+b=0$ の2つの異なる実数解 α, β が $-2<\alpha<3$, $-2<\beta<3$ を満たすとき，点 (a, b) が存在する領域を ab 平面上に図示せよ． （龍谷大・文系）

解の配置　本問は解の配置に関する典型的問題である．その基本的処理法は，
　　方程式 $x^2+ax+b=0$ に対して，$f(x)=x^2+ax+b$ とおいて，
　　　　$f(x)=0$ の実数解を，$y=f(x)$ のグラフと x 軸との共有点の x 座標として
　　とらえるという，視覚的な（グラフで考える）方法
である．ここで，$y=f(x)$ のグラフの考察のポイントは，（例題 10 の $0°$〜$2°$ をふまえ）
　　$\begin{cases} 0° & \text{下に凸か上に凸か（本問の場合，下に凸）} \\ 1° & \text{判別式の符号} \\ 2° & \text{軸の位置} \\ 3° & \text{区間の端点での値} \end{cases}$
である．本問のように，$0°$ ははじめから分かっていることが多い．

▓ 解 答 ▓

$f(x)=x^2+ax+b$ とおくと，$y=f(x)$ のグラフと x 軸が $-2<x<3$ の範囲に異なる2交点をもつ条件を求めればよい．

$f(x)=0$ の判別式を D とすると，その条件は，次の $1°$〜$3°$ がすべて成り立つことである．

$\begin{cases} 1° & D=a^2-4b>0 \\ 2° & \text{軸について：} -2<-\dfrac{a}{2}<3 \\ 3° & \text{端点について：} f(-2)>0 \text{ かつ } f(3)>0 \end{cases}$

ここで，$1°$ $\iff$ $b<\dfrac{a^2}{4}$ ………①
　　　　$2°$ $\iff$ $-6<a<4$ ……②

また，$f(-2)=-2a+b+4$, $f(3)=3a+b+9$ であるから，
　　$3°$ $\iff$ $b>2a-4$ ………③　かつ　$b>-3a-9$ ………④

したがって，題意の条件は，①〜④が同時に成り立つことで，これを満たす (a, b) の範囲は右図の網目部分のようになる（境界は含まない）．

　➡注　境界線は放物線と直線であるが，<u>放物線と直線は接している</u>．

　一般に，2次方程式の解の配置の問題において，境界線に現れる<u>放物線と直線は接している</u>（はずな）ので，それに注意して図示しよう．

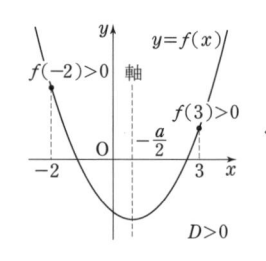

⇔軸の位置 $2°$ を考えないと，例えば，右図の場合も含まれてしまう．
　$f(-2)>0$
　$-2<x<3$ で解をもたない
　$f(3)>0$

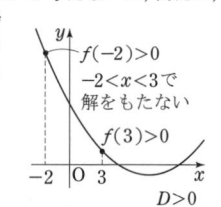

⇔ $b=2a-4$ と $b=-3a-9$ の交点は $(-1, -6)$

例えば，$b=\dfrac{a^2}{4}$ と $b=2a-4$ を
⇔連立させると，$\dfrac{a^2}{4}-(2a-4)=0$
　$\therefore\ a^2-8a+16=0$
　$\therefore\ (a-4)^2=0$
　$\therefore\ a=4$（重解）
で確かに接している．（いつも接することを説明するのは難しいので省略するが，接することは憶えておこう）

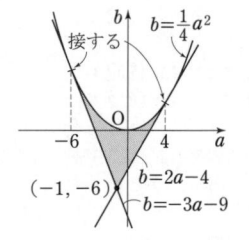

◎15 演習題 （解答は p.60）

2次方程式 $x^2+(2a-1)x+a^2-3a-4=0$ が少なくとも1つ正の解をもつような実数の定数 a の値の範囲を求めよ．　（信州大・工）

軸の位置か，2解のパターンで場合分け．

16 2次方程式の解の配置／文字定数分離

2次方程式 $2x^2-ax+2a=0$ について，以下の問に答えよ．
（1） $-1<x<1$ の範囲に2つの相異なる実数解を持つときの定数 a の値の範囲を求めよ．
（2） 少なくとも1つの解が $-1\leqq x\leqq 1$ の範囲にあるような定数 a の値の範囲を求めよ．

(北星学園大)

文字定数を分離する　文字定数 a を含む方程式 $f(x)-a=0$ の実数解は，$a=f(x)$ と a を分離して，直線 $y=a$ と $y=f(x)$ のグラフの共有点の x 座標としてとらえるのがうまい方法である．$y=a$ は x 軸に平行な直線で，交点の様子が容易にとらえられるからである．文字定数 a を $a=\cdots$ の形に分離するのが原則（右辺に a が入ってはダメ）だが，左辺に x が入っていても，それが表すグラフが，$y=2x+a$（☞次問の別解）や $y=a(x+1)$ など，"傾き一定"か"定点通過"を表す直線になる場合は同様に処理できる．（なお，☞p.64〜65，ミニ講座・定数分離はエライ）

解 答

$2x^2-ax+2a=0 \iff a(x-2)=2x^2$
であるから，与えられた方程式の実数解は，
$$\begin{cases} 直線\,l:y=a(x-2) \\ 放物線\,C:y=2x^2 \end{cases}$$
の共有点の x 座標である．l と C を図示すると右図のようで，これより（☞注），

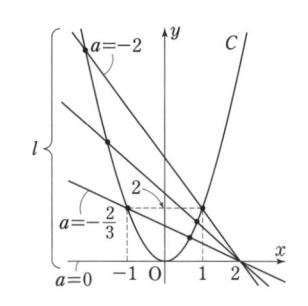

（1）　$-\dfrac{2}{3}<a<0$

（2）　$-2\leqq a\leqq 0$

⇔ l は，定点 $(2,0)$ を通り，傾きが a の直線．

⇔ 傾き a を図の中で変化させてみる．棒（直線）の1点をピンで $(2,0)$ に固定してゆっくりと回転させていき交点を調べるイメージ．

⇨ 注　$(2,0)$ を A とする．直線 l は，点 A を通り傾き a の直線である．$a=0$ の場合（x 軸の場合）から，A を中心に時計回りにゆっくり回していく（図1：傾き a を少しずつ小さくしていく）．l が C 上の点 $(-1,2)$ を通るときの a は，$a=-\dfrac{2}{3}$ である．a が $-\dfrac{2}{3}<a<0$ のときは，図2のように，l と C は $-1<x<1$ において異なる2点で交わる．l が C 上の点 $(1,2)$ を通るときの a は，$a=-2$ である．a が $-2\leqq a<-\dfrac{2}{3}$ のときは，図3のように，2交点のうちの1つだけが $-1\leqq x\leqq 1$ の範囲にある．

⇔ $a=0$ のとき，l と C は $x=0$ で接している（元の方程式は $x=0$ を重解に持つ）．

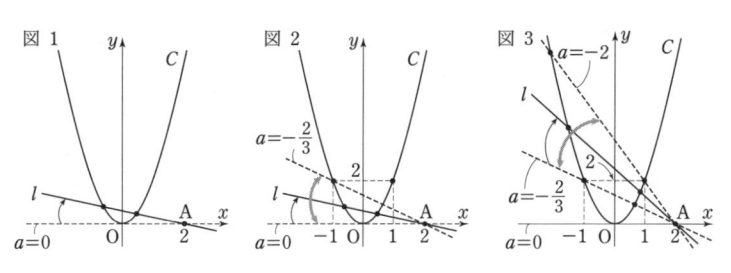

16 演習題 （解答は p.61）

x に関する2次方程式 $4x^2+4ax+5a-2=0$（a は定数）が2つの異なる実数解を持ち，解の1つは $x<-2$，他の解が $-2<x<-1$ の範囲にあるという．
（1）　a の値の範囲を求めよ．
（2）　小さい方の解の取り得る値の範囲を求めよ．

(名古屋学院大)

a を分離しよう．（2）は，共有点の x 座標の取り得る範囲を"目"で考える．

17 2次方程式／絶対値記号つき

xの方程式 $|x^2-4|+x-k=0$ の実数解について，以下の問に答えよ．
（1）実数解がない k の値の範囲を求めよ．
（2）異なる実数解の個数が4個となる k の値の範囲を求めよ．
（3）異なる実数解の個数が3個となる k の値を求めよ．

(北星学園大)

文字定数を分離 前問と同様に，本問でも文字定数 k を分離する方針が明快でよいだろう．前問で述べたが，文字定数 k を含む部分を分離したとき，k を含む部分のグラフが直線であって，しかも"傾き一定"か"定点通過"を表す場合はうまくとらえられるということであった．

本問の場合，$k=|x^2-4|+x$ ……⑦ と分離するか，$-x+k=|x^2-4|$ ……④ と分離するかの2通りがある．左辺のグラフは，$y=k$ と $y=-x+k$ でともに直線である．一方，右辺のグラフについては，⑦より④の方が描きやすいが，④の場合，直線と曲線が接する場合の k の値を求める必要が生じる．⑦としても④としても大差はない．以下では，解答は⑦，別解は④として解くことにする．

解答

$|x^2-4|+x-k=0$ ……① $\iff k=|x^2-4|+x$

であるから，$f(x)=|x^2-4|+x$ とおくとき，①の異なる実数解の個数は，曲線 $y=f(x)$ と直線 $y=k$ の異なる共有点の個数に等しい．

$x\leq-2$ または $2\leq x$ のとき，
$$f(x)=(x^2-4)+x=\left(x+\frac{1}{2}\right)^2-\frac{17}{4}$$

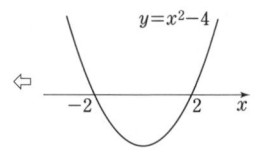

$-2\leq x\leq 2$ のとき，
$$f(x)=-(x^2-4)+x=-\left(x-\frac{1}{2}\right)^2+\frac{17}{4}$$

であるから，曲線 $y=f(x)$ の概形は右図のようになる．これより，求める範囲または値は，

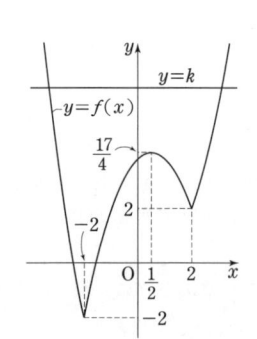

（1）$k<-2$

（2）$2<k<\dfrac{17}{4}$　　（3）$k=2,\ \dfrac{17}{4}$

⇐ $f(\pm 2)=|2^2-4|\pm 2=\pm 2$
(複号同順)

【別解】(略解)

$|x^2-4|+x-k=0 \iff -x+k=|x^2-4|$

$C: y=|x^2-4|$ のグラフは右図のようになる．

$y=-x+k$ と $y=4-x^2$ が接するとき，これらを連立して得られる方程式 $-x+k=4-x^2$ つまり $x^2-x+k-4=0$ が重解をもつから，判別式を D とすると，$D=0$ のときである．よって，

$D=1-4(k-4)=0$　∴ $k=\dfrac{17}{4}$

よって，右図のようになり，答えが分かる．

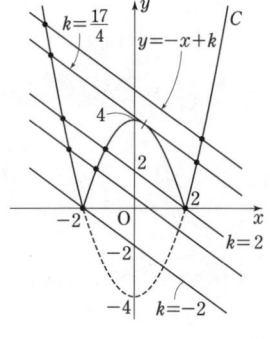

⇐ $y=|g(x)|$ のグラフは，$y=g(x)$ のグラフの $y<0$ の部分を x 軸に関して折り返したもの ($y\geq 0$ の部分はそのまま).

○17 演習題 (解答は p.62)

方程式 $x^2-3|x-1|-ax=0$ の実数解の個数を調べよ．ただし，a は定数である．

(中部大・工, 改題)

a の部分を分離する．

◆ 18 2次不等式／すべての x について…

次の x の不等式の解がすべての実数となるような，定数 m の値の範囲を求めよ．
$$(m+1)mx^2+2mx+m-1<0$$
（東北福祉大，改題）

グラフを活用する 解の配置と同様に，グラフを活用しよう．
「2次関数 $f(x)=ax^2+bx+c$ $(a\neq 0)$ がすべての実数 x に対して $f(x)<0$ を満たす」…（＊）
ということを $y=f(x)$ のグラフを利用してとらえると，
 （＊） $\iff$ 「放物線 $y=f(x)$ が x 軸（直線 $y=0$）の下側にある」
    $\iff$ 「放物線 $y=f(x)$ が上に凸で，かつ x 軸と共有点をもたない」
    $\iff$ 「x^2 の係数 $a<0$，かつ，$f(x)=0$ の判別式 $D<0$」
となる．
 なお，$a=0$ のときは，$f(x)=bx+c$（直線）であり，このときつねに
$f(x)<0$ となる条件は，傾きが 0 で y 切片が負であること，つまり
   「$b=0$ かつ $c<0$」
である．（$f(x)$ が負の値を取る定数関数であることが条件）

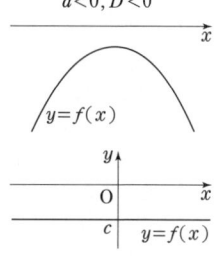

▩ 解 答 ▩

$f(x)=(m+1)mx^2+2mx+m-1$ とおく．
- $m=-1$ のとき，$f(x)=-2x-2$ となり不適である． ⇦「すべての x に対して $f(x)<0$」
- $m=0$ のとき，$f(x)=-1$ となり適する． とはならない．
- $m\neq -1$，$m\neq 0$ のとき，つねに $f(x)<0$ となる条件は，
  $(m+1)m<0$ かつ，2次方程式 $f(x)=0$ の判別式 $D<0$ ⇦グラフが上に凸
が成り立つことである．
 $(m+1)m<0$ により，$-1<m<0$ ……………………………………①
 $D/4=m^2-(m+1)m(m-1)=m\{m-(m+1)(m-1)\}<0$
  ①により，$m-(m+1)(m-1)>0$ ∴ $m^2-m-1<0$
 よって，$\dfrac{1-\sqrt{5}}{2}<m<\dfrac{1+\sqrt{5}}{2}$ であり，①とから，$\dfrac{1-\sqrt{5}}{2}<m<0$ ⇦ $-1<\dfrac{1-\sqrt{5}}{2}<0<\dfrac{1+\sqrt{5}}{2}$

以上により，求める範囲は，$\dfrac{\boldsymbol{1-\sqrt{5}}}{\boldsymbol{2}}<\boldsymbol{m}\leqq\boldsymbol{0}$

  ➡注 「$f(x)=ax^2+bx+c$ $(a\neq 0)$ がつねに正」
    $\iff$ 「$a>0$，かつ，$f(x)=0$ の判別式 $D<0$」 ⇦
  ➡注 関数 $f(x)$ が最大値をとるとき，
   「$f(x)$ がつねに $f(x)<0$」$\iff$「$f(x)$ の最大値 <0」
  である．この考え方で，$f(x)=ax^2+bx+c$ $(a\neq 0)$ がつねに負となる条件
  を求めてみよう．まず，$a<0$ でなければならず，このとき，
   $f(x)=a\left(x+\dfrac{b}{2a}\right)^2-\dfrac{b^2-4ac}{4a}$ の最大値は $\dfrac{b^2-4ac}{-4a}$
  であるから，最大値 <0 $\iff$ $b^2-4ac<0$ （∵ $-4a>0$）
    よって，その条件は，$a<0$ かつ $b^2-4ac<0$ ⇦ $D=b^2-4ac$ であるから，前文の
条件と同じ．

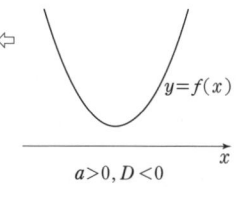

 ◯18 演習題（解答は p.62）

すべての実数 x, y に対して $x^2-2(a-1)xy+y^2+(a-2)y+1\geqq 0$ が成り立つような a の範囲を求めよ． （阪南大）

> まず1文字を固定し，別
> の1文字だけを動かす．

19 2次不等式／ある範囲で

2次関数 $f(x)=2x^2-8kx+3k$ (k は定数) がある．
(1) $0<x<2$ の範囲でつねに $f(x)>0$ となる k の値の範囲を求めよ．
(2) $0<x<2$ の範囲でつねに $f(x)<4$ となる k の値の範囲を求めよ． (名古屋学院大，改題)

区間の端点での値について注意する グラフが下に凸である2次関数 $f(x)$ について，$a<x<b$ においてつねに $f(x)>0$ となる条件を求めてみよう．

$y=f(x)$ の取り得る値の範囲は，軸 $x=p$ の位置 (頂点の位置) によって，
1° $p \leqq a$ のとき，$f(a)<y<f(b)$
2° $a<p<b$ のとき，$f(p) \leqq y < \max\{f(a), f(b)\}$
3° $b \leqq p$ のとき，$f(b)<y<f(a)$
である．

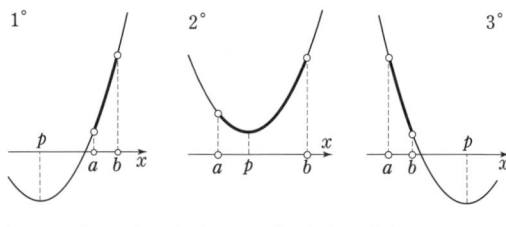

したがって，求める条件は，1°のとき $f(a) \geqq 0$，2°のとき $f(p)>0$，3°のとき $f(b) \geqq 0$ となる．1°や3°のとき「$\geqq$」になることに注意しよう．「$>$」とするミスが多い．
(なお，$a<x<b$ でなくて，$a \leqq x \leqq b$ においてつねに正なら，値域の不等号 $<$ はすべて $\leqq$ に変わり，求める条件の不等号はすべて「$>$」となる)

1°のとき，$f(a) \geqq 0$ ならば $f(b) \geqq 0$ も成り立つ (3°も同様) ので，1°，3°をまとめて，～～の条件は頂点が $a<x<b$ にあれば頂点の y 座標 >0，なければ $f(a) \geqq 0$ かつ $f(b) \geqq 0$ ……☆

候補の活用 上で述べた結論を ○8と同様な見方から導いてみよう．$f(x)$ の値域の端っこに現れる候補は，$f(p), f(a), f(b)$ のいずれかである．$f(a), f(b)$ は上図で白丸であることに注意して，～～となる条件は☆と分かる．(なお，$y > \min\{\alpha, \beta\}$ のとき，$y>0 \iff \alpha \geqq 0$ かつ $\beta \geqq 0$)

$f(x)<0$ なら？ $a<x<b$ においてつねに $f(x)<0$ となる条件は，$y<\max\{f(a), f(b)\}$ により，$f(a) \leqq 0$ かつ $f(b) \leqq 0$ である．

解答

$y=f(x)$ は下に凸であり，$f(x)=2(x-2k)^2-8k^2+3k$

(1) (ア) $0<2k<2$ ($\iff 0<k<1$ ……①) のとき，$f(2k)=-8k^2+3k>0$ が条件である．よって，$k(8k-3)<0$ ∴ $0<k<\dfrac{3}{8}$

⇐ 頂点が区間内にあるとき，頂点の y 座標 (最小値) >0 が条件である (前文の2°の場合)．

①とから，$0<k<\dfrac{3}{8}$

(イ) ①以外のとき，$f(0) \geqq 0$ かつ $f(2) \geqq 0$ が条件である．

⇐ 前文に注意．1°か3°の場合．

よって，$3k \geqq 0$ かつ $-13k+8 \geqq 0$ ∴ $0 \leqq k \leqq \dfrac{8}{13}$

①以外の場合であるから，$k=0$

(ア)，(イ) より，求める k の値の範囲は，$\mathbf{0 \leqq k < \dfrac{3}{8}}$

(2) $f(0) \leqq 4$ かつ $f(2) \leqq 4$ が条件である．

⇐ 前文の $f(x)<0$ の条件と同様に考えた．

よって，$3k \leqq 4$ かつ $-13k+8 \leqq 4$ ∴ $\dfrac{4}{13} \leqq k \leqq \dfrac{4}{3}$

○19 演習題 (解答は p.62)

$0 \leqq x \leqq 1$ において，不等式 $0 \leqq x^2+2(a-2)x+a \leqq 2$ が成り立つような定数 a の値の範囲を求めよ． (東邦大・医)

最大 $\leqq 2$，最小 $\geqq 0$ となる範囲を求める．

20 2次不等式／「すべて」と「ある」がらみ

a を実数の定数とする．$-2 \leq x \leq 3$ の範囲で，関数 $f(x)=x^2+a$, $g(x)=-x^2+4x+2a$ について，以下の条件を満たすような a の値の範囲をそれぞれ求めよ．
（1） すべての x に対して，$f(x) \geq g(x)$
（2） ある x に対して，$f(x) \geq g(x)$
（3） すべての x_1, x_2 の組に対して，$f(x_1) \geq g(x_2)$
（4） ある x_1, x_2 の組に対して，$f(x_1) \geq g(x_2)$

(大阪医大・看護，改題)

条件を言い換える 不等式 $f(x) \geq g(x)$ は，左辺に x を合流させた形 $f(x)-g(x) \geq 0$ にしたほうが式変形の可能性が出てくる．一方，不等式 $f(x_1) \geq g(x_2)$ は，$f(x_1)-g(x_2) \geq 0$ と合流させても x_1 と x_2 が同じではないので式変形の可能性はない．（1）～（4）について，次のように言い換える．
（1） 「すべての x に対して，$f(x) \geq g(x)$」$\iff$「すべての x に対して $f(x)-g(x) \geq 0$」
$\iff$「$f(x)-g(x)$ の最小値 ≥ 0」 これは，前問と同じタイプである．
（2） 「ある x に対して，$f(x) \geq g(x)$」$\iff$「ある x に対して，$f(x)-g(x) \geq 0$」
$\iff$「$f(x)-g(x)$ の最大値 ≥ 0」（うまい x を選べば，$f(x)-g(x)$ が 0 以上になる）
（3） 「すべての x_1, x_2 の組に対して，$f(x_1) \geq g(x_2)$」
$\iff$「$f(x)$ の最小値 $\geq g(x)$ の最大値」（どんな組でも成立しなければならないから）
（4） 「ある x_1, x_2 の組に対して，$f(x_1) \geq g(x_2)$」（うまい組 x_1, x_2 を選べば $f(x_1) \geq g(x_2)$）
$\iff$「$f(x)$ の最大値 $\geq g(x)$ の最小値」

解答

$h(x)=f(x)-g(x)=2x^2-4x-a=2(x-1)^2-(a+2)$ とおく．
（1） $-2 \leq x \leq 3$ における $h(x)$ の最小値が 0 以上であることと同値であり，$x=1$ のとき最小値 $-(a+2)$ をとるから，
$$-(a+2) \geq 0 \quad \therefore \quad \boldsymbol{a \leq -2}$$
（2） $-2 \leq x \leq 3$ における $h(x)$ の最大値が 0 以上であることと同値であり，$x=-2$ で最大値 $h(-2)=16-a$ をとるから，$\boldsymbol{a \leq 16}$
（3） $-2 \leq x \leq 3$ における $f(x)$ の最小値を m_1, $g(x)$ の最大値を M_2 とすると，$m_1 \geq M_2$ であることと同値である．
ここで，$f(x)=x^2+a$, $g(x)=-(x-2)^2+2a+4$ ……………①
であるから，$m_1=f(0)=a$, $M_2=g(2)=2a+4$
よって，$m_1 \geq M_2$ により，$a \geq 2a+4$ $\quad \therefore \quad \boldsymbol{a \leq -4}$
（4） $-2 \leq x \leq 3$ における $f(x)$ の最大値を M_1, $g(x)$ の最小値を m_2 とすると，$M_1 \geq m_2$ と同値である．①により，$M_1=f(3)=a+9$, $m_2=g(-2)=2a-12$
よって，$M_1 \geq m_2$ により，$a+9 \geq 2a-12$ $\quad \therefore \quad \boldsymbol{a \leq 21}$

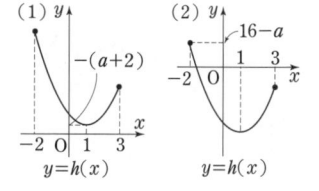

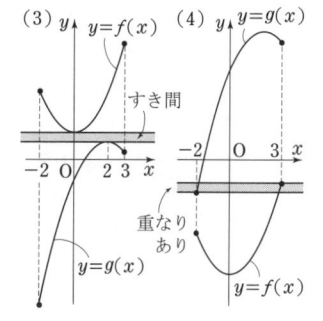

♡20 演習題 (解答は p.63)

不等式 $-x^2+(a+2)x+a-3 < y < x^2-(a-1)x-2$ ……(＊) を考える．ただし，x, y, a は実数とする．このとき，
「どんな x に対しても，それぞれ適当な y をとれば不等式 (＊) が成立する」
ための a の値の範囲を求めよ．また
「適当な y をとれば，どんな x に対しても不等式 (＊) が成立する」
ための a の値の範囲を求めよ．
(早稲田大・人間科学)

後半：y をまず x とは無関係に決めなければならない．

2次関数 演習題の解答

1…A∗A∗○　　　2…A∗○　　　3…A∗∗
4…B∗∗　　　　5…B∗∗　　　6…A∗
7…B∗∗　　　　8…B∗∗B∗∗　9…B∗∗
10…A∗○A∗A∗　11…A∗A∗∗　12…A∗B∗○
13…B∗B∗∗○　　14…B∗∗　　　15…B∗∗
16…B∗∗　　　　17…B∗∗　　　18…B∗∗
19…B∗∗　　　　20…B∗∗

1 (ア) y を消去してもよいが，x を消去した方が少し楽である．

(イ) 相反方程式ではないが，例題(ウ)とほぼ同様である．

解 (ア) $\begin{cases} |x+2|+y=1 & \cdots\cdots① \\ y^2-2x=6 & \cdots\cdots② \end{cases}$

②により，$2x=y^2-6$ ……③ で，①×2 に代入して，
$$|(y^2-6)+4|+2y=2$$
$$\therefore\ |y^2-2|=2(1-y)$$

したがって，$y \leq 1$ のもとで，
$$y^2-2=2(1-y) \cdots\cdots④ \quad と \quad y^2-2=-2(1-y) \cdots⑤$$
を解けばよい．

④のとき，$y^2+2y-4=0$
$$\therefore\ y=-1-\sqrt{5}\ (\because\ y\leq 1)$$
③とから，$(x,\ y)=(\sqrt{5},\ -1-\sqrt{5})$

⑤のとき，$y^2-2y=0$　∴ $y=0\ (\because\ y\leq 1)$
③とから，$(x,\ y)=(-3,\ 0)$

(イ) $x^4-6x^3-x^2+18x+9=0$ ……①

$x=0$ は①の解ではないから，①の両辺を x^2 で割り，
$$x^2-6x-1+\frac{18}{x}+\frac{9}{x^2}=0$$
$$\left(x^2+\frac{9}{x^2}\right)-6\left(x-\frac{3}{x}\right)-1=0 \ \cdots\cdots②$$

$t=x-\dfrac{3}{x}\left(=x+\dfrac{-3}{x}\right)$ とおくと，
$$x^2+\frac{9}{x^2}=\left(x-\frac{3}{x}\right)^2+6=t^2+6$$

であるから，②は，$(t^2+6)-6t-1=0$
$$\therefore\ t^2-6t+5=0$$
$$\therefore\ (t-1)(t-5)=0$$
$$\therefore\ t=1,\ 5$$

$t=1$ のとき，$x-\dfrac{3}{x}=1$　∴ $x^2-x-3=0$
$$\therefore\ x=\frac{1\pm\sqrt{13}}{2}$$

$t=5$ のとき，$x-\dfrac{3}{x}=5$　∴ $x^2-5x-3=0$
$$\therefore\ x=\frac{5\pm\sqrt{37}}{2}$$

2 (ウ) 例題(ウ)と同様に，グラフを描くと，どの部分が答えであるか分かりやすくなる．$y=|f(x)|$ のグラフの描き方は，☞p.20.

解 (ア) $x^2-4x+2=0$ を解くと，$x=2\pm\sqrt{2}$
よって，$x^2-4x+2>0$ の解は，
$$x<2-\sqrt{2}\ または\ 2+\sqrt{2}<x \cdots\cdots①$$
次に，$x^2+2x-8<0$ は，$(x+4)(x-2)<0$
$$\therefore\ -4<x<2 \cdots\cdots②$$

①と②の共通範囲が答えであるから， 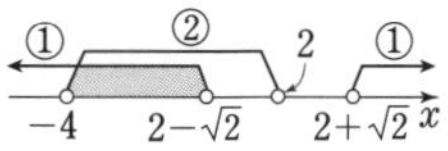
$$-4<x<2-\sqrt{2}$$

(イ) $\dfrac{8}{x+6}<x-1$

1° $x+6>0$，つまり $x>-6$ のとき，
　$8<(x-1)(x+6)$　∴ $x^2+5x-14>0$
∴ $(x+7)(x-2)>0$　∴ $x<-7$ または $2<x$
$x>-6$ とから，$2<x$

2° $x+6<0$，つまり $x<-6$ のとき，両辺に $x+6$ を掛けると 1° と不等号の向きが逆になり，
$$-7<x<2$$
$x<-6$ とから，$-7<x<-6$

以上により，答えは，$-7<x<-6$ または $2<x$

(ウ) $y=|x^2-2x-5|$ と，$y=x+1$ のグラフの概形は右図のようになる．図のように交点の x 座標を $\alpha,\ \beta$ とすると，$|x^2-2x-5|<x+1$ の解は，$\alpha<x<\beta$ である．

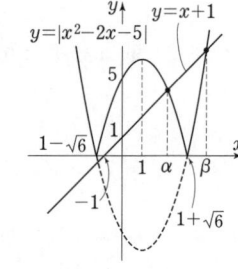

ここで β は，
$$x^2-2x-5=x+1$$
の大きい方の解で，$x^2-3x-6=0$ により，$\beta=\dfrac{3+\sqrt{33}}{2}$

α は，$-(x^2-2x-5)=x+1$ の大きい方の解で，
$x^2-x-4=0$ により，$\alpha=\dfrac{1+\sqrt{17}}{2}$

したがって，答えは，$\dfrac{1+\sqrt{17}}{2}<x<\dfrac{3+\sqrt{33}}{2}$

➡注　「$|A|<B \Longleftrightarrow -B<A<B$」であるから，$|x^2-2x-5|<x+1$ は，
$$-(x+1)<x^2-2x-5<x+1$$
と同値であり，これを解いてもよい．

3　ルートの中は 0 以上，各辺の符号などに注意して，2 乗しルートを解消して解く．

解（ア）ルート以外の項を右辺に移項して，
$$\sqrt{x^2+\sqrt{x}}=1-x \quad \cdots\cdots ①$$
左辺は 0 以上であるから，$1-x\geqq 0$ であり，ルートの中は 0 以上であるから $x\geqq 0$　∴　$0\leqq x\leqq 1$ ……②

①を 2 乗して，$x^2+\sqrt{x}=1-2x+x^2$
　　∴　$\sqrt{x}=1-2x \quad \cdots\cdots ③$

左辺 $\geqq 0$ により $1-2x\geqq 0$．②とから $0\leqq x\leqq \dfrac{1}{2}$ ……④

③を 2 乗して，$x=1-4x+4x^2$
　　∴　$4x^2-5x+1=0$　∴　$(x-1)(4x-1)=0$

④により，$x=\dfrac{1}{4}$

（イ）$\sqrt{3x^2-12}\leqq x+4 \quad \cdots\cdots ①$

左辺は 0 以上であるから $x+4\geqq 0$ であり，ルートの中は 0 以上であるから，$3x^2-12\geqq 0$
　　∴　$3(x+2)(x-2)\geqq 0$　∴　$x\leqq -2$ または $2\leqq x$
$x+4\geqq 0$ とから，$-4\leqq x\leqq -2$ または $2\leqq x$ ……②

このもとで，①は両辺を 2 乗しても同値で，
$$3x^2-12\leqq x^2+8x+16$$
　　∴　$x^2-4x-14\leqq 0$　∴　$2-3\sqrt{2}\leqq x\leqq 2+3\sqrt{2}$

これと②とから，
$$2-3\sqrt{2}\leqq x\leqq -2 \text{ または } 2\leqq x\leqq 2+3\sqrt{2}$$

（ウ）$\sqrt{4x-x^2}>3-x \quad \cdots\cdots ①$

ルートの中は 0 以上であるから，$4x-x^2\geqq 0$
　　∴　$x(x-4)\leqq 0$　∴　$0\leqq x\leqq 4$ ……②

1°　②かつ $3-x<0$，つまり $3<x\leqq 4$ のとき，①は成り立つ．

2°　②かつ $3-x\geqq 0$，つまり $0\leqq x\leqq 3$ のとき，①の両辺を 2 乗しても同値で，$4x-x^2>9-6x+x^2$
　　∴　$2x^2-10x+9<0$
　　∴　$\dfrac{5-\sqrt{7}}{2}<x<\dfrac{5+\sqrt{7}}{2}$

$0\leqq x\leqq 3$ とから，$\dfrac{5-\sqrt{7}}{2}<x\leqq 3$

1°，2° により，答えは，$\dfrac{5-\sqrt{7}}{2}<x\leqq 4$

（エ）$\sqrt{\dfrac{3-x}{2x}}<\dfrac{1}{x} \quad \cdots\cdots ①$

ルートの中は 0 以上であるから，$\dfrac{3-x}{2x}\geqq 0$

よって，$x\neq 0$ であり，
$x>0$ のとき，$3-x\geqq 0$　∴　$0<x\leqq 3$ ……②
$x<0$ のとき，$3-x\leqq 0$，これを満たす x は存在しない．

②のとき，①の両辺は 0 以上であるから，両辺を 2 乗しても同値で，$\dfrac{3-x}{2x}<\dfrac{1}{x^2}$

$2x^2(>0)$ を両辺に掛けて，$x(3-x)<2$
　　∴　$x^2-3x+2>0$　∴　$(x-1)(x-2)>0$
　　∴　$x<1$ または $2<x$

②とから，答えは，$0<x<1$ または $2<x\leqq 3$

4　判別式の符号を調べればよい．また，グラフを考える方法もある（☞別解）．

解　$ax^2+bx+c=0$（$a\neq 0$）の判別式を D とすると，
$$D=b^2-4ac$$

（1）$ab>0$，$bc<0$ により，a と b は同符号で，b と c は異符号であるから，a と c は異符号である．

よって，$ac<0$ であり，$b^2\geqq 0$ とから，
$$D=b^2-4ac>0$$
となり，異なる 2 実解をもつ．

（2）$|b|>|a+c|$ のとき，$|b|^2>|a+c|^2$
　　∴　$b^2>(a+c)^2$

よって，
$$D=b^2-4ac>(a+c)^2-4ac=(a-c)^2\geqq 0$$
　　∴　$D>0$

であるから，異なる 2 実解をもつ．

別解　[$f(x)=ax^2+bx+c$ とおくと，$y=f(x)$ のグラフは，a の符号で下に凸か上に凸かが変わることに注意しよう．

・a と $f(p)$ が異符号のときや，

・$f(p)$ と $f(q)$ が異符号のとき，$f(x)=0$ は異なる 2 実解をもつ（上図参照）．

（1）は，$af(0)<0$ を示すことを目標にしよう．

（2）は，$f(1)=a+b+c$，$f(-1)=a-b+c$ により $f(1)f(-1)<0$ を目標にしよう]

（1）$f(x)=ax^2+bx+c$（$a\neq 0$）とおく．

ある p に対して $af(p)<0$ となれば，$y=f(x)$ のグ

ラフ（放物線）は，x 軸と異なる2点で交わるから，$f(x)=0$ が異なる2実解をもつことになる．
　いま，$ab>0$，$bc<0$ により $b\neq 0$ であり，
$$af(0)=ac=\frac{ab\cdot bc}{b^2}<0$$
であるから，題意は示された．
（2）$|b|>|a+c|$ のとき，$b^2>(a+c)^2$ であるから，
$$f(1)f(-1)=(a+b+c)(a-b+c)$$
$$=(a+c)^2-b^2<0$$
$f(1)$ と $f(-1)$ は異符号であるから，$y=f(x)$ のグラフ（放物線）は x 軸と異なる2点で交わる．よって，題意は示された．

⇨注　a の符号にかかわらず，グラフが下に凸になるように，ax^2+bx+c を a で割った
$$g(x)=x^2+\frac{b}{a}x+\frac{c}{a}$$
や，a を掛けた $h(x)=a^2x^2+abx+ac$ を考えるのも手である．この場合，（1）は，$g(0)<0$（$h(0)<0$）を示せばよい．

5　解と係数の関係から，α,β の基本対称式 $\alpha+\beta,\alpha\beta$ の値が分かる．例えば $\alpha^5+\beta^5$ の値は，$(\alpha^4+\beta^4)(\alpha+\beta)$ を利用して計算できる．

解（1）$x^2+x+2=0$ の解と係数の関係により，
$$\alpha+\beta=-1,\quad \alpha\beta=2$$
よって，
$\alpha^2+\beta^2=(\alpha+\beta)^2-2\alpha\beta=1-4=-3$
$\boldsymbol{\alpha^4+\beta^4}=(\alpha^2+\beta^2)^2-2(\alpha\beta)^2=9-8=\boldsymbol{1}$
$\alpha^5+\beta^5=(\alpha^4+\beta^4)(\alpha+\beta)-\alpha\beta(\alpha^3+\beta^3)$ ………①
ここで，$\alpha^3+\beta^3=(\alpha^2+\beta^2)(\alpha+\beta)-\alpha\beta(\alpha+\beta)$
$$=-3\cdot(-1)-2\cdot(-1)=5$$
であるから，①により，
$\boldsymbol{\alpha^5+\beta^5}=1\cdot(-1)-2\cdot 5=\boldsymbol{-11}$

⇨注　$\alpha^4+\beta^4=(\alpha^3+\beta^3)(\alpha+\beta)-\alpha\beta(\alpha^2+\beta^2)$
$=5\cdot(-1)-2\cdot(-3)=1$
$\alpha^5+\beta^5=(\alpha^3+\beta^3)(\alpha^2+\beta^2)-(\alpha\beta)^2(\alpha+\beta)$
$=5\cdot(-3)-2^2\cdot(-1)=-15+4=-11$
としてもよい．

（2）$\alpha^9+\beta^9=(\alpha^5+\beta^5)(\alpha^4+\beta^4)-(\alpha\beta)^4(\alpha+\beta)$
$=-11\cdot 1-2^4\cdot(-1)=-11+16=5$
$\alpha^9\beta^9=(\alpha\beta)^9=2^9=512$
であるから，求める2次方程式は，
$$\boldsymbol{x^2-5x+512=0}$$

6　接点の座標を設定して，グラフの式を設定し直そう．

解　x 軸との接点を P$(p,0)$ とおくと，P が頂点であるから，$y=ax^2+bx+c$ は，
$$y=a(x-p)^2 \quad\cdots\cdots\text{①}$$
と表せる．このグラフが2点 $(1,-3)$，$(-5,-75)$ を通るとき，$\begin{cases}-3=a(1-p)^2 & \cdots\text{②}\\ -75=a(-5-p)^2 & \cdots\text{③}\end{cases}$

$\dfrac{\text{③}}{\text{②}}$ により，$\dfrac{(p+5)^2}{(p-1)^2}=25$　∴ $\left(\dfrac{p+5}{p-1}\right)^2=5^2$

∴ $\dfrac{p+5}{p-1}=\pm 5$

1°　$\dfrac{p+5}{p-1}=5$ のとき，$p+5=5(p-1)$　∴ $p=\dfrac{5}{2}$

②に代入して，$a=-\dfrac{4}{3}$ であり，①は，
$$y=-\dfrac{4}{3}\left(x-\dfrac{5}{2}\right)^2 \quad\therefore\quad y=-\dfrac{4}{3}x^2+\dfrac{20}{3}x-\dfrac{25}{3}$$
よって，$\boldsymbol{a=-\dfrac{4}{3}},\ \boldsymbol{b=\dfrac{20}{3}},\ \boldsymbol{c=-\dfrac{25}{3}}$

2°　$\dfrac{p+5}{p-1}=-5$ のとき，$p=0$ である．②に代入して，$a=-3$ であり，①は，$y=-3x^2$
よって，$\boldsymbol{a=-3},\ \boldsymbol{b=0},\ \boldsymbol{c=0}$

7　例題と同様に $m(a)$ を求めることができるが，場合分けが多くて大変面倒（頂点の x 座標が汚いことも大変にしている一因）である．こんなときは，○8と同様に，最大値の候補を活用しよう．候補をグラフなどで直接比較すればよい．

解　$f(x)=(7-4a)x^2-4x+a$
$y=f(x)$ のグラフは，$7-4a>0$ のとき下に凸であり，$7-4a=0$ のとき直線であるから，これらのとき，$0\leq x\leq 1$ での最大値 $m(a)$ は，
$$m(a)=\max\{f(0),f(1)\}=\max\{a,3-3a\}\cdots\text{①}$$
また，$7-4a<0$ のとき，$y=f(x)$ のグラフは上に凸であり，
$$f(x)=(7-4a)\left(x-\dfrac{2}{7-4a}\right)^2-\dfrac{4}{7-4a}+a$$
この頂点の x 座標について，$\dfrac{2}{7-4a}<0$ であるから，このときも①となる．

ab 平面上に，$b=a$ と $b=3-3a$ のグラフを描いておき，高いところをたどったものが $b=m(a)$ のグラフであり，右図の太線部である．

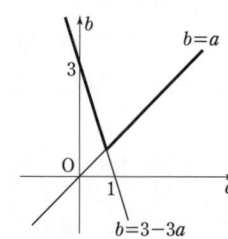

$m(a)$ が最小となるのは，$b=a$ と $b=3-3a$ の交点のときである．よって，

$$a=3-3a \quad \therefore \quad a=\frac{3}{4}$$

8 （ア）○7の方法で M, m を求めてみる．
$b=M-m$ のグラフを活用しよう．
（イ）今度は，絶対値付き関数なので，最大値の候補を使って見通しよく解こう．

解 （ア）$f(x)=x^2+2x+2=(x+1)^2+1$
により，$y=f(x)$ のグラフは下に凸で，軸は $x=-1$ である．……………① 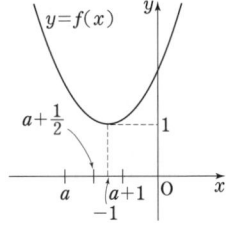
区間 $a\leqq x\leqq a+1$ の中点が $x=a+\frac{1}{2}$ であるから，最大値 M について，

$a+\frac{1}{2}\leqq -1$, つまり $a\leqq -\frac{3}{2}$ のとき，
$$M=f(a)=(a+1)^2+1$$
$-1\leqq a+\frac{1}{2}$, つまり $-\frac{3}{2}\leqq a$ のとき，
$$M=f(a+1)=(a+2)^2+1$$

次に，最小値 m について，
$a+1\leqq -1$, つまり $a\leqq -2$ のとき，
$$m=f(a+1)=(a+2)^2+1$$
$a\leqq -1\leqq a+1$, つまり $-2\leqq a\leqq -1$ のとき，
$$m=f(-1)=1$$
$-1\leqq a$ のとき，
$$m=f(a)=(a+1)^2+1$$

以上により，

a	M	m	$M-m$
$a\leqq -2$	$(a+1)^2+1$	$(a+2)^2+1$	$-2a-3$
$-2\leqq a\leqq -\frac{3}{2}$	$(a+1)^2+1$	1	$(a+1)^2$
$-\frac{3}{2}\leqq a\leqq -1$	$(a+2)^2+1$	1	$(a+2)^2$
$-1\leqq a$	$(a+2)^2+1$	$(a+1)^2+1$	$2a+3$

よって，$b=M-m$ のグラフは右図のようになる． 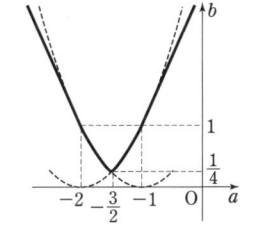
グラフにより，$M-m=1$ を満たす a の値は
$$a=-2, \ -1$$
であり，$M-m$ は $a=-\frac{3}{2}$
のとき最小値 $\frac{1}{4}$ をとる．

別解 ［例題の方針で解くと］
①までは解答と同様．
頂点の x 座標が $a\leqq x\leqq a+1$ にあるとき，つまり
$a\leqq -1\leqq a+1$, すなわち
$-2\leqq a\leqq -1$ のとき，$m=f(-1)=1$
それ以外のとき，$m=\min\{f(a), f(a+1)\}$
つぎに，最大値は区間の端点で取るから，
$$M=\max\{f(a), f(a+1)\}$$
$f(a)=(a+1)^2+1$, $f(a+1)=(a+2)^2+1$
により，$b=m$, $b=M$ のグラフは，それぞれ図1，図2の太線である．

図 1 $b=(a+1)^2+1$
$b=(a+2)^2+1$

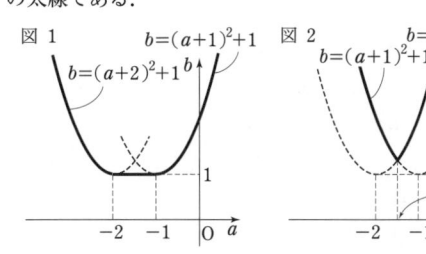

図 2 $b=(a+2)^2+1$
$b=(a+1)^2+1$

（以下，解答の表が得られ，解答と同様である）

（イ）$f(x)=|x^2-2x|$
のグラフの概形は右図のようになる．よって，$x=1$
が $a\leqq x\leqq a+1$ の中にあれば区間の端点での値 $f(a)$,
$f(a+1)$ 以外に $f(1)=1$
も最大値の候補になる．

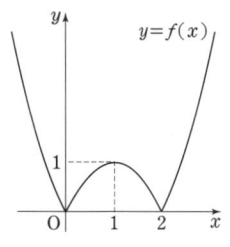

• $a\leqq 1\leqq a+1$, つまり $0\leqq a\leqq 1$ ……① のとき．
$$g(a)=\max\{f(a), f(a+1), 1\}$$
• ①以外のとき．
$$g(a)=\max\{f(a), f(a+1)\}$$

よって，
$b=f(a)$
$b=f(a+1)$
$b=1$ $(0\leqq a\leqq 1)$

のグラフの最も高いところをたどったものが $b=g(a)$ のグラフであり，右図の太線部のようになる（$a\geqq 0$ に注意）．

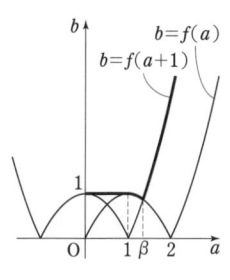

図の β は，$f(a)=f(a+1)$ の解であり，$1\leqq a\leqq 2$ のとき，$f(a)=|a^2-2a|=-(a^2-2a)$
$f(a+1)=|(a+1)^2-2(a+1)|=|a^2-1|=a^2-1$
であるから，
$$-(a^2-2a)=a^2-1 \quad \therefore \quad 2a^2-2a-1=0$$
$1\leqq a\leqq 2$ を満たす解を求めて，$\beta=\dfrac{1+\sqrt{3}}{2}$

上のグラフから，$g(a)$ を最小にする a の値は β で，
$$a = \frac{1+\sqrt{3}}{2}$$
また，$g(a)$ の式は，

a	$0 \leq a \leq 1$	$1 \leq a \leq \dfrac{1+\sqrt{3}}{2}$	$\dfrac{1+\sqrt{3}}{2} \leq a$
$g(a)$	1	$-(a^2-2a)$	a^2-1

9 最後の2つの空欄は，グラフを利用するところだろう．

解 $X = x^2 - 4x + 5$ とおくと，$X = (x-2)^2 + 1$ ……①
であるから，X の取り得る値の範囲は，$X \geq 1$ ………⑦
$$f(x) = aX^2 + 2abX + 1 \quad \cdots\cdots ②$$
$$= a(X+b)^2 - ab^2 + 1 \quad (a>0,\ b>0)$$
を $g(X)$ とおくと，$y = g(X)$ の軸は $X = -b(<0)$ で，$X<0$ の範囲にあるから，
$X \geq 1$ において $g(X)$ は増加する．………④
よって，$g(X)$ は $X=1$ で最小になり，②と，最小値が7であることから，
$$g(1) = a + 2ab + 1 = 7 \quad \cdots\cdots ③$$
最小値を取る x の値は，$X=1$ と①とから，$x=2$
（よって，$f(2)=7$ で第3の空欄は **2** である）
また，$f(-1) = 241$ と，$x=-1$ のとき $X=10$ とから
$$f(-1) = g(10) = 100a + 20ab + 1 = 241$$
$$\therefore \quad 10a + 2ab = 24 \quad \cdots\cdots ④$$
④－③ により，$9a = 18$ で $a=2$ であり，③とから $b=1$
次に，⑦により X の取り得る値の範囲は $X \geq 1$ であり，
④とから，$f(x)(=g(X))$ は X の増加関数である．
よって，$f(x)$ は X が最大となる x の値で最大となる．
$1 \leq x \leq k (k>3)$ のとき①のグラフは右図のようになり，
X は $x=k$ のとき最大になるから，$f(x)$ は $x=k$ のとき最大となる．
$1 \leq x \leq k (1<k<3)$ のとき，X は $x=1$ のとき最大になるから，$f(x)$ は $x=1$ のとき最大となる．

⇒注 ①のグラフは下に凸であるから，$1 \leq x \leq k$ において，X は $x=1$ か $x=k$ で最大となる．①の軸 $x=2$ から遠い方の端点で最大となる．$k(>1)$ と2の距離が1と2の距離に等しくなるのは $k=3$ のときなので，k と3の大小で場合分けがおこるわけである．

10 （ア）$a-b+c$ を，$x=-1$ における関数の値と見るか，あるいは注のように考える．

（イ）頂点を追いかけるのが手早だろう．
（ウ）問題文の順に考えるときは，平行移動の公式を使うところだろう．

解 （ア）$f(x) = ax^2 + bx + c$ とおく．
 (B)により $f(1) = 0$ であるから，もしもグラフが上に凸であれば頂点の y 座標は正になり (A) に反する．よってグラフは下に凸で $a>0$ であり，y 軸と負の部分で交わるから，$f(0) = c < 0$

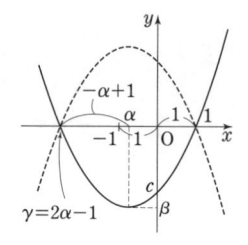

頂点の x 座標 α は，$\alpha = -\dfrac{b}{2a}$ であり，$\alpha<0$, $a>0$ により，$b>0$ である．
また，$a-b+c = f(-1)$ である．
$f(x) = 0$, $x \neq 1$ の解を γ とすると，軸 $x=\alpha$ に関する対称性により，$\dfrac{1+\gamma}{2} = \alpha$ $\therefore$ $\gamma = 2\alpha - 1$
$f(x) < 0$ となる x の範囲は，$2\alpha - 1 < x < 1$ であり，$\alpha < 0$ であるから，$x=-1$ はこの範囲の中にある．
よって，$f(-1) < 0$ $\therefore$ $\boldsymbol{a-b+c<0}$

⇒注 $f(1) = 0$ により，$a+b+c = 0$
$a-b+c = (a+b+c) - 2b = -2b < 0$
（$\because$ $b>0$）とすることもできる．

（イ）$y = -x^2 - 2x - 2 = -(x+1)^2 - 1$ により，このグラフの頂点は $(-1, -1)$ ……① である．
$y = x^2 - 4x + 3 = (x-2)^2 - 1$ により，このグラフの頂点は $(2, -1)$ ……② である．
①を x 軸方向に p, y 軸方向に q 移動すると，$(-1+p, -1+q)$ に移り，これを x 軸に関して折り返すと，$(-1+p, -(-1+q))$ に移る．これが②であるから，$-1+p = 2$, $-(-1+q) = -1$
$$\therefore \quad \boldsymbol{p=3,\ q=2}$$

（ウ）$y = -x^2 + ax + b$ のグラフを x 軸方向に3, y 軸方向に -2 だけ平行移動すると，
$$y = -(x-3)^2 + a(x-3) + b - 2$$
これが $(2, -18)$, $(3, -5)$ を通るから，
$$\begin{cases} -18 = -1 - a + b - 2 \\ -5 = 0 + 0 + b - 2 \end{cases}$$
第2式により，$b = -3$ であり，第1式に代入して，
$$-18 = -1 - a - 3 - 2 \quad \therefore \quad \boldsymbol{a=12}$$

別解 x 軸方向に3, y 軸方向に -2 平行移動して点 $(2, -18)$ に移される点は $(-1, -16)$ であり，点 $(3, -5)$ に移される点は $(0, -3)$ である（平行移動する前の点を求めた）．

$y=-x^2+ax+b$ は $(-1, -16)$, $(0, -3)$ を通るから, $-16=-1-a+b$, $-3=b$
$$\therefore \quad b=-3, \quad a=12$$

11 (ア) 1文字を消去すれば, 2変数が独立に動く2変数関数になる. x を消去するところだろう.
(イ) (1) 1文字を消去する. x を消去する方が少しラクだろう.
(2) x を消去したときは, $g(x)$ も y で表す. (1) の計算が利用できる.

解 (ア) $x+2y+3z=7$ のとき,
$$x=7-2y-3z \cdots\cdots\cdots ①$$
であるから,
$$\begin{aligned}x^2+y^2+z^2 &= \{-2y+(7-3z)\}^2+y^2+z^2\\ &= 5y^2-4(7-3z)y+(7-3z)^2+z^2\\ &= 5\left\{y-\frac{2(7-3z)}{5}\right\}^2+\frac{1}{5}\{(7-3z)^2+5z^2\}\\ &= 5\left\{y-\frac{2(7-3z)}{5}\right\}^2+\frac{1}{5}(14z^2-42z+49)\\ &= 5\left\{y-\frac{2(7-3z)}{5}\right\}^2+\frac{1}{5}\left\{14\left(z-\frac{3}{2}\right)^2+\frac{35}{2}\right\}\end{aligned}$$
よって, $x^2+y^2+z^2$ は,
$$y-\frac{2(7-3z)}{5}=0 \text{ かつ } z=\frac{3}{2}, \text{ つまり } \boldsymbol{z=\frac{3}{2}, \ y=1}$$
のときに最小値 $\frac{1}{5}\cdot\frac{35}{2}=\boldsymbol{\frac{7}{2}}$ をとり, このとき, ①により, $\boldsymbol{x=\frac{1}{2}}$ である.

(イ) (1) $x+2y=10\cdots\cdots$① のとき, $x=10-2y\cdots\cdots$①′ であるから,
$$\begin{aligned}x^2+y^2 &= (10-2y)^2+y^2=5y^2-40y+100 \cdots\cdots ②\\ &= 5(y-4)^2+20 \cdots\cdots\cdots ②′\end{aligned}$$
よって, x^2+y^2 は $\boldsymbol{y=4}$ のとき最小値 **20** をとり, このとき①′により $\boldsymbol{x=2}$ である.

(2) ①, $x\geqq 0$, $y\geqq 0$ のとき, ①′ から, $0\leqq y\leqq 5$
また, $g(x)=15x-50=15(10-2y)-50$
$$=100-30y$$
①のとき, ②が成り立つから,
$$\begin{aligned}x^2+y^2-g(x) &= 5y^2-40y+100-(100-30y)\\ &= 5y^2-10y \cdots\cdots\cdots ③\\ &= 5y(y-2) \cdots\cdots\cdots ③′\end{aligned}$$
$f(y)=|x^2+y^2-g(x)|+g(x)$ $(0\leqq y\leqq 5)$ とおく.
1° $0\leqq y\leqq 2$ のとき, ③′$\leqq 0$ であるから,
$$\begin{aligned}f(y) &= -(5y^2-10y)+100-30y \quad (\because \text{③})\\ &= -5y^2-20y+100=-5(y+2)^2+120\end{aligned}$$

2° $2\leqq y\leqq 5$ のとき, ③′$\geqq 0$ であるから,
$$\begin{aligned}f(y) &= (x^2+y^2-g(x))+g(x)\\ &= x^2+y^2=5(y-4)^2+20 \quad (\because \text{②}′)\end{aligned}$$
よって, $z=f(y)$ のグラフは右図のようになるから, $f(y)$ の最大値は **100** であり, このとき, $\boldsymbol{y=0}$
$$\therefore \quad \boldsymbol{x=10} \quad (\because \text{①}′)$$
また, $f(y)$ の最小値は **20** であり, このとき, $\boldsymbol{y=4}$
$$\therefore \quad \boldsymbol{x=2} \quad (\because \text{①}′)$$

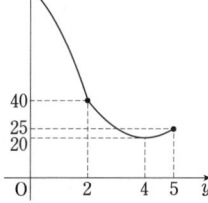

12 (ア) 実数条件をきちんと反映させよう.
(イ) 例題(イ)と同様に, "逆手流"を使う.

解 (ア) $x^2+2y^2=1$ のとき, $y^2=\frac{1}{2}(1-x^2)$
$y^2\geqq 0$ であるから, $1-x^2\geqq 0$ $\quad\therefore\quad -1\leqq x\leqq 1 \cdots\cdots$①
ここで, $2x+3y^2=2x+3\cdot\frac{1}{2}(1-x^2) \cdots\cdots$②
$$=-\frac{3}{2}x^2+2x+\frac{3}{2}=-\frac{3}{2}\left(x-\frac{2}{3}\right)^2+\frac{13}{6}$$
$x=\frac{2}{3}$ は①にあるから, このとき**最大値** $\boldsymbol{\frac{13}{6}}$ を取り,
$x=-1$ のとき**最小値** $\boldsymbol{-2}$ (②に代入した) を取る.

(イ) (1) y が k という値を取り得る.
$$\iff \begin{cases}x^2-kx+k^2-k-1=0 \cdots\cdots\cdots ①\\ \text{を満たす実数 }x \text{ が存在する.}\end{cases}$$
この条件は, ①の判別式を D とすると $D\geqq 0$ であるから,
$$D=k^2-4(k^2-k-1)\geqq 0$$
$$\therefore \quad 3k^2-4k-4\leqq 0 \quad \therefore \quad (3k+2)(k-2)\leqq 0$$
$$\therefore \quad -\frac{2}{3}\leqq k\leqq 2$$
よって, y の最大値は **2**, 最小値は $\boldsymbol{-\frac{2}{3}}$ である.

(2) $x+y$ が k という値を取り得る.
$$\iff \begin{cases}x+y=k \text{ かつ } x^2-2x+y^2=1\\ \text{を満たす実数 }x, y \text{ が存在する.}\end{cases}$$
$$\iff \begin{cases}x^2-2x+(k-x)^2=1 \cdots\cdots ① \quad (y=k-x)\\ \text{を満たす実数 }x \text{ が存在する.}\end{cases}$$
ここで①を整理すると,
$$2x^2-2(k+1)x+k^2-1=0$$
これを満たす実数 x が存在する条件は, 判別式を D とすると, $D\geqq 0$ であるから,
$$D/4=(k+1)^2-2(k^2-1)\geqq 0$$
$$\therefore \quad k^2-2k-3\leqq 0 \quad \therefore \quad (k+1)(k-3)\leqq 0$$
$$\therefore \quad -1\leqq k\leqq 3$$

よって，$x+y$ の最大値は 3，最小値は -1 である．

13 （ア）◯11のように，y を x で表して1文字を消去すると，4次関数になってしまう．対称式であることに着目しよう．

解 （ア）$x+y=4$ ……① であり，$xy=t$ とおく．
$$x^2y^2+x^2+y^2+xy$$
$$=(xy)^2+(x+y)^2-xy=t^2+16-t \cdots\cdots②$$
$$=\left(t-\frac{1}{2}\right)^2+\frac{63}{4}$$

①により $y=4-x$ であるから，$x\geqq 0$, $y\geqq 0$ により，
$$x\geqq 0, \ 4-x\geqq 0 \quad \therefore \quad 0\leqq x\leqq 4$$
このとき，
$$t=xy=x(4-x)=-(x-2)^2+4$$
の取り得る値の範囲は，$0\leqq t\leqq 4$

よって，$x^2y^2+x^2+y^2+xy$ は，
$t=\dfrac{1}{2}$ のとき**最小値 $\dfrac{63}{4}$**，$t=4$ のとき**最大値 28**

をとる（最大値は②に代入して計算）．

⇒注 t の取り得る範囲の求め方について．例題の前文のように x, y の満たす2次方程式を作ったときは，◯15で扱う解の配置の問題になる．$x+y=4$, $xy=t$ により，x, y は z の2次方程式 $z^2-4z+t=0$ の $x\geqq 0$, $y\geqq 0$ を満たす解である．$f(z)=z^2-4z+t$ とおくと，$w=f(z)$ の軸が $z=2$ (>0) であることに注意すると，こうなる条件は，
$$f(z)=0 \text{ の判別式 } D\geqq 0 \text{ かつ } f(0)\geqq 0$$

（イ）$x+y=u$, $xy=v$ とおく．
$x^2-xy+y^2=9$ のとき，
$$(x+y)^2-3xy=9 \quad \therefore \quad u^2-3v=9$$
$$\therefore \quad v=\frac{1}{3}u^2-3 \cdots\cdots①$$

x, y は t の2次方程式 $t^2-ut+v=0$，つまり
$$t^2-ut+\frac{1}{3}u^2-3=0 \cdots\cdots②$$

の2解であるから，x, y が実数である条件は，②の判別式を D とすると，$D\geqq 0$ である．よって，
$$D=u^2-4\left(\frac{1}{3}u^2-3\right)=12-\frac{u^2}{3}\geqq 0$$
$$\therefore \quad u^2\leqq 36 \quad \therefore \quad -6\leqq u\leqq 6 \cdots\cdots③$$

$P=x^2+y^2+2(x+y)$ とおくと，
$$P=(x+y)^2-2xy+2(x+y)$$
$$=u^2-2v+2u=u^2-2\left(\frac{1}{3}u^2-3\right)+2u \quad (\because \ ①)$$
$$=\frac{1}{3}u^2+2u+6=\frac{1}{3}(u+3)^2+3$$

u は③の範囲を動くことに注意する．

P は $u=6$ のとき**最大値 30** を取り，このとき，②は，
$$t^2-6t+9=0 \quad \therefore \quad (t-3)^2=0$$
となるから，$x=3$, $y=3$

P は $u=-3$ のとき**最小値 3** を取り，このとき，②は，
$$t^2+3t=0 \quad \therefore \quad t(t+3)=0$$
となるから，$x=0$, $y=-3$ または，$x=-3$, $y=0$

14 1文字を固定すれば1次関数である．区間の端点で最小値を取る．最小値が正である条件は，最小値の候補すべてが正であること，と言い換えることができる（☞ p.32，4・3）．これを活用する．

解 $z=1-ax-by-axy$
$(-1\leqq x\leqq 1, \ -1\leqq y\leqq 1)$ とおく．

とりあえず y を t に固定すると，z は x の1次以下の関数で，それを $f(x)=1-ax-bt-atx$ とおくと，$z=f(x)$ のグラフは直線であるから，$-1\leqq x\leqq 1$ における $f(x)$ の最小値は，区間の端点における値 $f(-1)$ か $f(1)$ である．この最小値が正である条件は，
$$f(-1)>0 \text{ かつ } f(1)>0$$
つまり，$1+a+(a-b)t>0$ かつ $1-a-(a+b)t>0$
ここで，$g(t)=1+a+(a-b)t$
$h(t)=1-a-(a+b)t$ $(-1\leqq t\leqq 1)$

とおくと，$g(t)>0$ かつ $h(t)>0$ となる条件を求めればよい．$g(t)$, $h(t)$ は t の1次以下の関数であるから，区間の端点で最小値を取るので，そうなる条件は，
$$g(-1)>0 \text{ かつ } g(1)>0$$
$$\text{かつ } h(-1)>0 \text{ かつ } h(1)>0$$
である．よって，
$$g(-1)=1+a-(a-b)=1+b>0$$
$$g(1)=1+a+(a-b)=1+2a-b>0$$
$$h(-1)=1-a+(a+b)=1+b>0$$
$$h(1)=1-a-(a+b)=1-2a-b>0$$
したがって，a, b の条件は
$$\begin{cases} b>-1 \\ b<2a+1 \\ b<-2a+1 \end{cases}$$
であり，これを図示すると，右図の網目部分（境界を除く）．

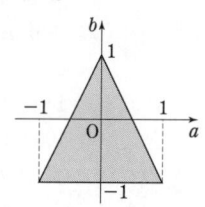

15 軸の位置で場合分けする（☞解答）か，あるいは次に着目する（☞別解）．

少なくとも1つの解が正
⟺「（ア）正の解だけ（重解を含む）
（イ）正と0 （ウ）正と負」

解 $f(x)=x^2+(2a-1)x+a^2-3a-4$ とおく．

$y=f(x)$ の軸 $x=-\dfrac{2a-1}{2}$ の位置（これが区間 $x>0$ にあるかどうか）で場合分けする．

（i） $-\dfrac{2a-1}{2}>0$ ……① のとき．

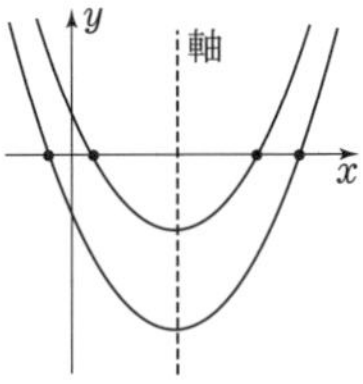

$f(x)=0$ の判別式を D として，$D\geqq 0$ が条件である．よって，
$$D=(2a-1)^2-4(a^2-3a-4)$$
$$=8a+17\geqq 0 \cdots\cdots ②$$
①かつ②により，$-\dfrac{17}{8}\leqq a<\dfrac{1}{2}$

（ii） $-\dfrac{2a-1}{2}\leqq 0$ ……③ のとき．

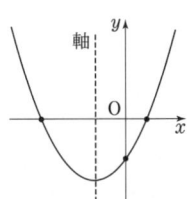

$f(0)<0$ が条件である．
$$f(0)=a^2-3a-4$$
$$=(a+1)(a-4)<0$$
$$\therefore\ -1<a<4 \cdots\cdots ④$$
③かつ④により，$\dfrac{1}{2}\leqq a<4$

（i）（ii）をまとめると，$-\dfrac{\mathbf{17}}{\mathbf{8}}\leqq \boldsymbol{a}<\mathbf{4}$

別解 $f(x)=x^2+(2a-1)x+a^2-3a-4$ とおく．

$y=f(x)$ の軸は $x=-\dfrac{2a-1}{2}$ であり，$f(x)=0$ の判別式を D とする．$f(x)=0$ が少なくとも1つ正の解をもつとき，$f(x)=0$ の解は，次の3つの場合がある．

（ア）正の解だけ　（イ）正と0　（ウ）正と負

（ア）または（イ）となる条件は，次の1°～3°がすべて成り立つことである．

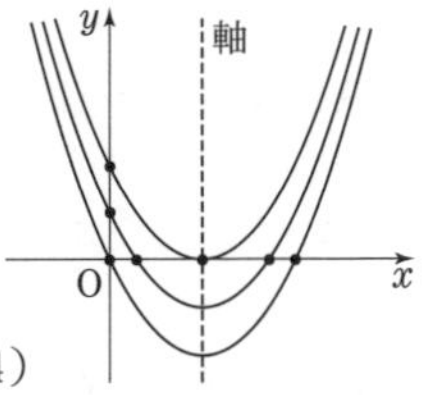

$$\begin{cases} 1° & D\geqq 0 \\ 2° & -\dfrac{2a-1}{2}>0 \\ 3° & f(0)\geqq 0 \end{cases}$$

1°により，
$$D=(2a-1)^2-4(a^2-3a-4)$$
$$=8a+17\geqq 0$$

2°により，$a<\dfrac{1}{2}$

3°により，$f(0)=a^2-3a-4=(a+1)(a-4)\geqq 0$

1°～3°により，$-\dfrac{17}{8}\leqq a\leqq -1 \cdots\cdots ㋐$

（ウ）となる条件は， 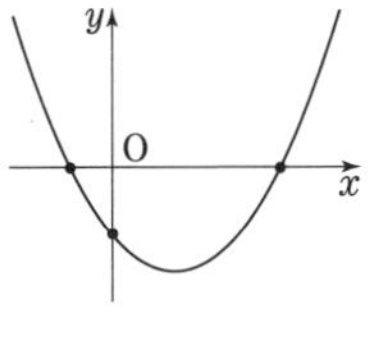
$f(0)<0$
$\therefore\ (a+1)(a-4)<0$
$\therefore\ -1<a<4 \cdots\cdots ㋑$

㋐と㋑を合わせた範囲が答えで，$-\dfrac{\mathbf{17}}{\mathbf{8}}\leqq \boldsymbol{a}<\mathbf{4}$

16 文字定数 a を分離して，"目"で考える．

解 $4x^2+4ax+5a-2=0 \cdots\cdots ①$
$\iff a(4x+5)=-4x^2+2$
$\iff a\left(x+\dfrac{5}{4}\right)=-x^2+\dfrac{1}{2}$

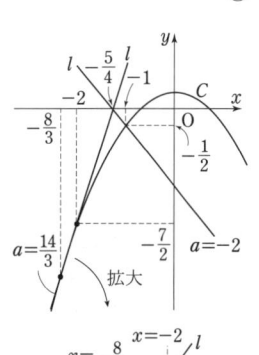

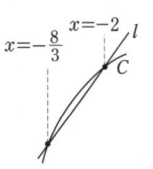

であるから，①の実数解は
$$\begin{cases} \text{直線 } l: y=a\left(x+\dfrac{5}{4}\right) \\ \text{放物線 } C: y=-x^2+\dfrac{1}{2} \end{cases}$$
の共有点の x 座標である．これらを α，β $(\alpha<\beta)$ とおくと，「$\alpha<-2$ かつ $-2<\beta<-1$」となる a の範囲を求めればよい．

l は，点 $\left(-\dfrac{5}{4},\ 0\right)$ を通る傾き a の直線である．これが C 上の点 $\left(-1,\ -\dfrac{1}{2}\right)$，$\left(-2,\ -\dfrac{7}{2}\right)$ を通るときの a の値はそれぞれ

$$\dfrac{-\dfrac{1}{2}}{-1+\dfrac{5}{4}}=-2,\quad \dfrac{-\dfrac{7}{2}}{-2+\dfrac{5}{4}}=\dfrac{14}{3}$$

である．さらに，$a=\dfrac{14}{3}$ のとき，l と C の交点の x 座標（1つは -2）は，①つまり $4x^2+\dfrac{56}{3}x+\dfrac{64}{3}=0$ の解であり，$x=-2,\ -\dfrac{8}{3}$ である（☞注2）．

上図により，「$\alpha<-2$ かつ $-2<\beta<-1$」となる a の範囲は $a>\dfrac{14}{3}$ であり，このとき $\alpha<-\dfrac{8}{3}$ である．

よって，答えは，(1) $\boldsymbol{a>\dfrac{14}{3}}$　(2) $\boldsymbol{x<-\dfrac{8}{3}}$

➡**注1**．a を変化させ，l を定点 $\left(-\dfrac{5}{4},\ 0\right)$ のまわりに回転させて，交点がどうなるか調べてみよう．
$-2\leqq a\leqq \dfrac{14}{3}$ のとき，$-2<x<-1$ で交わらず，$a\leqq -2$ のとき，$x<-2$ で交わらないから，これらのときは不適であることが分かる．なお $a>\dfrac{14}{3}$ のとき，β の取り得る値の範囲は，$-2<\beta<-\dfrac{5}{4}$ である．

➡**注2**．2次方程式を解いてもよいが，もう1つの解を γ とすると，解と係数の関係により，
$$-2\cdot\gamma=\dfrac{1}{4}\cdot\dfrac{64}{3}\quad \therefore\ \gamma=-\dfrac{8}{3}$$

17 文字定数 a を分離する．a が入っていない部分は，絶対値の中身の符号で場合分けをする．

解 $x^2-3|x-1|-ax=0$
$\iff ax=x^2-3|x-1|$

$f(x)=x^2-3|x-1|$ とおくと，
$$f(x)=\begin{cases} x^2+3(x-1)=x^2+3x-3 & (x\leq 1) \\ x^2-3(x-1)=x^2-3x+3 & (1\leq x) \end{cases}$$

直線 $y=ax$ と曲線 $y=f(x)$ との共有点の個数を求めればよい．$y=f(x)$ の概形は右図のようになる．

直線 $y=ax$ と放物線 $y=x^2-3x+3$ が接するのは，連立して得られる方程式 $x^2-(a+3)x+3=0$ が重解を持つときであるから，判別式を D とすると，
$D=(a+3)^2-4\cdot 3=0$　∴ $a=-3\pm 2\sqrt{3}$
このとき，接点の x 座標は，上式と複号同順で，
$x=\dfrac{a+3}{2}=\pm\sqrt{3}$　（方程式が $\left(x-\dfrac{a+3}{2}\right)^2=0$ になる）
であるから，図の l は，$a=-3+2\sqrt{3}$ のときである．

また，直線 $y=ax$ は原点を通り，原点は $y>x^2+3x-3$ にあるので，$y=ax$ は $y=x^2+3x-3$ と接することはない．

以上と上図から，解の個数は次のようになる．

a	$\cdots$	$-3+2\sqrt{3}$	$\cdots$	1	$\cdots$
個数	2	3	4	3	2

18 x,y はそれぞれ勝手に動く．まずは 1 文字を固定し（定数と見る），別の 1 文字だけ動かそう．

解 $x^2-2(a-1)xy+y^2+(a-2)y+1\geq 0$ ……①
とりあえず y を固定すると，①は x の 2 次不等式で，
$x^2-2(a-1)y\cdot x+\{y^2+(a-2)y+1\}\geq 0$
がすべての x について成り立つ．その条件は，左辺 $=0$ の判別式が 0 以下であるから，
$\{(a-1)y\}^2-\{y^2+(a-2)y+1\}\leq 0$
∴ $a(2-a)y^2+(a-2)y+1\geq 0$ ……②
これがすべての y について成り立つような a の範囲を求めればよい．

・$a=2$ のとき，②の左辺 $=1$ となり，②はすべての y について成り立つ．

・$a=0$ のとき，②は $-2y+1\geq 0$ となり，これはすべての y については成立しない．

・$a\neq 2,\ a\neq 0$ のとき，②は y の 2 次不等式である．これがすべての y について成り立つ条件は，
「y^2 の係数 >0」かつ「②の左辺 $=0$ の判別式 $D\leq 0$」
ここで，$D=(a-2)^2-4a(2-a)=(a-2)(5a-2)$
であるから，上の条件は
$a(2-a)>0$ かつ $(a-2)(5a-2)\leq 0$
∴ $0<a<2$ かつ $\dfrac{2}{5}\leq a\leq 2$　∴ $\dfrac{2}{5}\leq a<2$

以上から，求める範囲は，$\dfrac{2}{5}\leq a\leq 2$

19 $f(x)=x^2+2(a-2)x+a\ (0\leq x\leq 1)$ の最大値が 2 以下で，最小値が 0 以上となる条件を求める．
あるいは，文字定数を分離する（☞別解）．

解 $f(x)=x^2+2(a-2)x+a$ とおき，$0\leq x\leq 1$ における最大値を M，最小値を m とすれば，
$M\leq 2$ かつ $m\geq 0$
となる条件を求めればよい．

$y=f(x)$ のグラフは下に凸であるから，最大値は端点において取り，$M=f(0)$ か $M=f(1)$ である．
つまり，$M=a$ または $M=3a-3$
$M\leq 2$ となる条件は，
$a\leq 2$ かつ $3a-3\leq 2$　∴ $a\leq\dfrac{5}{3}$ ……①

次に最小値を考える．
$f(x)=\{x+(a-2)\}^2-(a-2)^2+a$
の頂点は $(-(a-2),\ -(a-2)^2+a)$ である．頂点が $0\leq x\leq 1$ にあるかどうかで場合分けする．

・$0\leq -(a-2)\leq 1$，つまり $1\leq a\leq 2$ ……② のとき，
$m=-(a-2)^2+a=-(a^2-5a+4)$
$m\geq 0$ となる条件は，$-(a^2-5a+4)\geq 0$
∴ $(a-1)(a-4)\leq 0$　∴ $1\leq a\leq 4$
②との共通範囲は，$1\leq a\leq 2$

・②以外のとき，$m=f(0)$ か $m=f(1)$ である．
つまり，$m=a$ または $m=3a-3$
$m\geq 0$ となる条件は，
$a\geq 0$ かつ $3a-3\geq 0$　∴ $a\geq 1$
②以外のとき，$a>2$

よって，$m\geq 0$ となる条件は，$a\geq 1$ ……③
以上により，求める範囲は①かつ③で，
$1\leq a\leq\dfrac{5}{3}$

別解 $0 \leqq x^2+2(a-2)x+a \leqq 2$
$\iff -x^2+4x \leqq a(2x+1) \leqq -x^2+4x+2$
$\iff -\dfrac{1}{2}x^2+2x \leqq a\left(x+\dfrac{1}{2}\right) \leqq -\dfrac{1}{2}x^2+2x+1$

よって, 点 $\left(-\dfrac{1}{2}, 0\right)$ を通り傾き a の直線

$l: y=a\left(x+\dfrac{1}{2}\right)$ が, $0 \leqq x \leqq 1$ の範囲で, 2つの放物線

$C_1: y=-\dfrac{1}{2}x^2+2x$, $C_2: y=-\dfrac{1}{2}x^2+2x+1$ の間 (C_1, C_2 と共有点を持ってもよい) にあるための条件を求めればよい.

l と C_1 が接するとき, $a\left(x+\dfrac{1}{2}\right)=-\dfrac{1}{2}x^2+2x$

∴ $x^2+2(a-2)x+a=0$ ……①

(元の不等式の中辺=0)
が重解を持つから, 判別式を
D とすると, $D=0$. よって
$D/4=(a-2)^2-a=0$
∴ $a^2-5a+4=0$
∴ $a=1, 4$

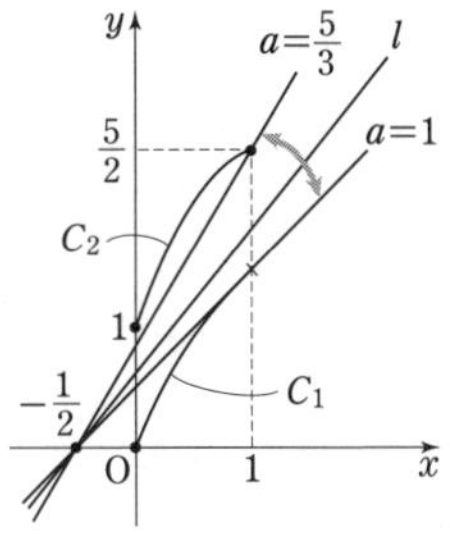

右図より, $a=4$ のときは
$0 \leqq x \leqq 1$ で接しない.
$a=1$ のとき, ①は, $(x-1)^2=0$ ∴ $x=1$
よって, $x=1$ で l と C_1 は接する.

また, l が $\left(1, \dfrac{5}{2}\right)$ を通るとき, 傾きは $\dfrac{5}{3}$ である.

よって, 上図のようになり, 求める範囲は,

$$1 \leqq a \leqq \dfrac{5}{3}$$

⑳ 前半と後半の問題の違いについて. 前半は, 任意の値をとって変化する x の値に応じて, y を選ぶ (y が違ってよい). 一方, 後半は, はじめにうまい y を, x とは無関係に固定しなければならない. (☞注2)

解 $-x^2+(a+2)x+a-3 < y < x^2-(a-1)x-2$
……(*)

$f(x)=-x^2+(a+2)x+a-3$,
$g(x)=x^2-(a-1)x-2$

とおく.

前半: 題意の条件は, すべての実数 x に対して, $f(x) < g(x)$ が成り立つことである.

つまり, $g(x)-f(x)=2x^2-(2a+1)x-a+1$ ……①

がつねに正であるための条件を求めればよい. ①$=0$ の判別式を D とすると, その条件は, $D < 0$ と同値である.

よって,
$D=(2a+1)^2-4 \cdot 2(-a+1)=4a^2+12a-7 < 0$
∴ $(2a+7)(2a-1) < 0$ ∴ $-\dfrac{7}{2} < a < \dfrac{1}{2}$

後半: 題意の条件は, $f(x)$ の最大値を M, $g(x)$ の最小値を m とすると, $M < m$ と同値である. なぜなら, $M < m$ なら, y を $M < y < m$ となるように定めれば, x にかかわらず (*) が成り立つからである.

$f(x)=-\left(x-\dfrac{a+2}{2}\right)^2+\dfrac{(a+2)^2}{4}+a-3$

$g(x)=\left(x-\dfrac{a-1}{2}\right)^2-\dfrac{(a-1)^2}{4}-2$

により,

$M=\dfrac{(a+2)^2}{4}+a-3$, $m=-\dfrac{(a-1)^2}{4}-2$

である.

$M < m$ により, $M-m < 0$

∴ $\dfrac{1}{4}\{(a+2)^2+(a-1)^2\}+a-1 < 0$

∴ $\dfrac{1}{4}(2a^2+2a+5)+a-1 < 0$

∴ $2a^2+6a+1 < 0$

∴ $\dfrac{-3-\sqrt{7}}{2} < a < \dfrac{-3+\sqrt{7}}{2}$

➡**注1.** $y=f(x)$ と $y=g(x)$ の位置関係は下図のようになる (前半の場合, $y=g(x)$ が $y=f(x)$ の上方にあればよい).

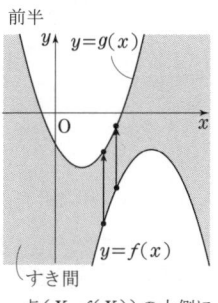

前半: 点 $(X, f(X))$ の上側に点 $(X, g(X))$ がある

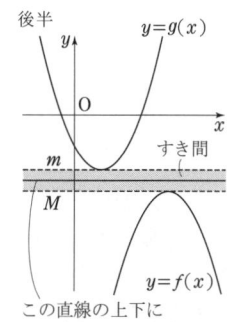

後半: この直線の上下に $y=g(x)$ と $y=f(x)$ がある

➡**注2.** 問題文の文章には, 「どんな」と「適当」が現れていて, とらえにくいと感じる人も多いだろう. そこで, 簡単な例を挙げておこう.

• 不等式 $x < y < x+2$ ……㋐ はどんな x に対しても, $y=x+1$ とすれば成り立つ. よって, どんな x に対しても, それぞれ適当な y をとれば不等式㋐が成立する.

• 不等式 $y < x^2$ ……㋑ は, $y=-1$ とすれば, どんな x に対しても成り立つ. よって, 適当な y をとれば, どんな x に対しても不等式㋑が成立する.

ミニ講座・2
定数分離はエライ

解の配置の問題では,
　　文字定数を分離する解法が使えないかどうか
に目を光らせるようにしたいです."定数分離"を使わずに解いて間違える人が大変多い問題を紹介しましょう.

例題 2次方程式 $2x^2-ax+2a=0$ について, 2つの相異なる実数解を持ち, 1つの解だけが $-1<x<1$ の範囲にあるような定数 a の値の範囲を求めよ.

まずは, 文字定数 a を分離して解いてみましょう. p.49の注のように考えます.

解 $2x^2-ax+2a=0$
$\iff a(x-2)=2x^2$
であるから, 与えられた方程式の実数解は,
$\begin{cases} 直線\ l: y=a(x-2) \\ 放物線\ C: y=2x^2 \end{cases}$
の共有点の x 座標である. l と C を図示すると右図のようで, これより答えは, $-2<a\le-\dfrac{2}{3}$

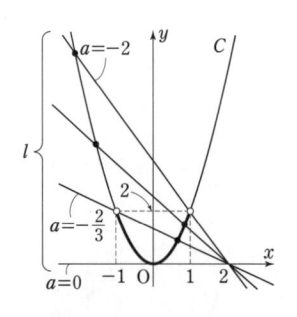

　　　　＊　　　　　　＊

この問題に対して,「$f(-1)f(1)<0$」が条件だ, として, 次のように解く人が少なくありません.

解? $f(x)=2x^2-ax+2a$ とおく.
区間の端点での値は,
　　$f(-1)=3a+2,\ f(1)=a+2$
1つの解のみが $-1<x<1$ を満たす条件は,
　　$f(-1)f(1)<0$
$\therefore\ (3a+2)(a+2)<0$
$\therefore\ -2<a<-\dfrac{2}{3}$

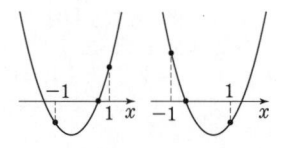

　　　　＊　　　　　　＊

解答の答えと一致しないのでこれは誤答です. $a=-\dfrac{2}{3}$ が抜けているからです. $a=-\dfrac{2}{3}$ のとき, 左図により, 確かに1つの解だけが $-1<x<1$ の範囲にありますね.

「1つの解のみが $-1<x<1 \iff f(-1)f(1)<0$」は, $\implies$ が不成立なのです!

例えば,「1つの解のみが $-1<x<1$」の例として,「2解が -1 と 0」の場合がありますが, このとき $f(-1)=0$ なので, $f(-1)f(1)<0$ を満たさないからです. ($f(-1)f(1)<0$ のとき, $f(-1)\ne 0$ なので $x=-1$ を解に持つことはありません. 同様に $x=1$ を解に持つことはなく, 2解の一方が $x=-1$ や $x=1$ になるケースが考えられていないのです.)

なお, $\impliedby$ は成立します. そこで, これをもとに修正してみることを考えてみます. $f(-1)f(1)<0$ はどのような条件を表すのでしょうか.

「$-1<x<1$」を区間 I,
「$x<-1$ または $1<x$」を区間 J
(I と J を合わせても, $x=-1$ と $x=1$ が抜けている) とするとき,

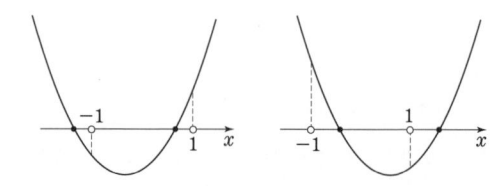

区間 I, J に1解ずつ $\iff f(-1)f(1)<0$
が成り立ちます. つまり, $f(-1)f(1)<0$ は
　　区間 I, J に1解ずつ持つ
を表します.

　　　　＊　　　　　　＊

さて, **解?** の修正にとりかかりましょう.
$f(-1)f(1)<0$ では, 2解の一方が $x=-1$ や $x=1$ になるケースが抜けています. つまり誤答の原因は,
　　区間の端点 (が解になる場合) の処理
にあると言えます. **解?** を修正するには,
　　区間の端点 (が解になる場合) を個別調査する必要がある
のです. 実際にやってみましょう.
　1　$x=-1$ が解のとき
　2　$x=1$ が解のとき
　3　$x=-1$ と $x=1$ を解に持たないとき
に分けて考えます. 次の [解1] のようになります.

[解1]　$f(x)=2x^2-ax+2a$ とおく．
　区間の端点での値は，
$$f(-1)=3a+2,\ f(1)=a+2$$
　また，「$-1<x<1$」を区間I
　　　　「$x<-1$ または $1<x$」を区間J
とする．
1　$x=-1$ が解のとき．
　$f(-1)=0$ により，$a=-\dfrac{2}{3}$
　もう1つの解を β とすると，解と係数の関係により，
$$-1\cdot\beta=a\quad\therefore\quad\beta=\dfrac{2}{3}$$
　このとき，題意を満たす．
2　$x=1$ が解のとき．
　$f(1)=0$ により，$a=-2$
　解と係数の関係により，$1\cdot\beta=a\quad\therefore\quad\beta=-2$
　このとき，2解とも $-1<x<1$ を満たさず不適．
3　$x=-1$ と $x=1$ が解でないとき．
　区間 I, J に1解ずつ持つことが条件で，
$$f(-1)f(1)<0$$
$$\therefore\quad(3a+2)(a+2)<0$$
$$\therefore\quad -2<a<-\dfrac{2}{3}$$

1～3 により，答えは，$-2<a\leqq-\dfrac{2}{3}$

解? を修正して解くと上のようになります．なかなかこのようには処理できず，間違えやすいですね．
　○15で述べた，基本的処理法を用いるときは，
　　　　　軸の位置で場合分け
する必要があって，こちらの解法で解くのもなかなか大変です．

[解2]　$f(x)=2x^2-ax+2a$ とおく．
　$y=f(x)$ の軸 $x=\dfrac{a}{4}$ によって場合分けする．
　ここで，$f(-1)=3a+2$, $f(1)=a+2$ である．

(ⅰ)　$\dfrac{a}{4}\leqq-1$, つまり $a\leqq-4$ ……①
のとき．
　$f(-1)<0<f(1)$
$$\therefore\quad -2<a<-\dfrac{2}{3}$$
　①を満たさず不適．

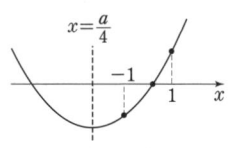

(ⅱ)　$-1<\dfrac{a}{4}<0$, つまり $-4<a<0$ のとき．

$f(-1)\leqq0<f(1)$
　　（☞注）
$$\therefore\quad -2<a\leqq-\dfrac{2}{3}$$
　（$-4<a<0$ を満たす）

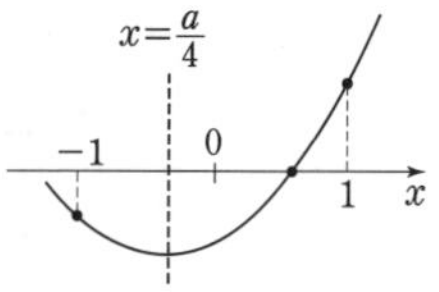

(ⅲ)　$\dfrac{a}{4}=0$, つまり $a=0$
のとき，$f(x)=2x^2$ となり，方程式の解は $x=0$（重解）となり，不適．

(ⅳ)　$0<\dfrac{a}{4}<1$, つまり
$0<a<4$ のとき．
　$f(1)\leqq0<f(-1)$
$$\therefore\quad a\leqq-2\ \text{かつ}\ a>-\dfrac{2}{3}$$ 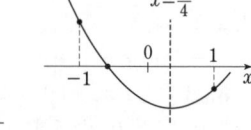
これを満たす a は存在しない．

(ⅴ)　$1\leqq\dfrac{a}{4}$, つまり $4\leqq a$ のとき．
　$f(1)<0<f(-1)$
$$\therefore\quad a<-2\ \text{かつ}\ a>-\dfrac{2}{3}$$
これを満たす a は存在しない．

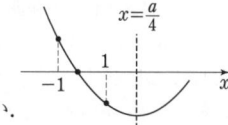

以上により，答えは，$-2<a\leqq-\dfrac{2}{3}$

➡注　(ⅱ)の場合の条件は，
　　$f(-1)<0<f(1)$
ではなく，
　　$f(-1)\leqq0<f(1)$
であることに要注意！
$f(-1)=0$ のとき，右図のようになって，題意を満たしています．（ⅳ）も同様です．

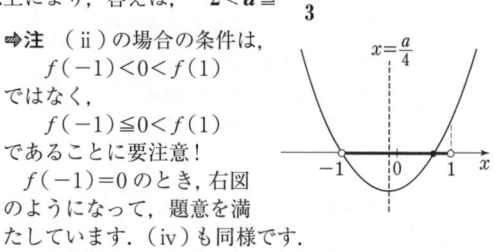

この解法だと，区間 $-1<x<1$ の中点 $x=0$ も場合分けに登場し，5通りもの場合分けになってしまいます．（もっとも，（ⅱ）（ⅲ）（ⅳ）を合わせて処理することも可能で，その場合は，
　「$f(-1)\leqq0<f(1)$」または「$f(1)\leqq0<f(-1)$」
とすればOKですが，この処理は高度でしょう）

左の例題に関して言えば，[解1]と[解2]では，[解1]の方をお勧めしますが，
　やはり，実戦的には文字定数 a を分離して
　解 のように解きたい
ところです．
　『定数分離はエライ』ので，この解法が活用できるときは，逃さず使うということが肝心と言えますね．

ミニ講座・3 逆手流

関数の値域を求める際の重要手法が逆手流です．1変数でも2変数でも使える手法ですが，とりあえず1変数関数でしかも1次関数という超簡単な場合で説明しましょう．

例題1 $y=2x+1$ とする．$-1 \leqq x \leqq 1$ のとき，y の取り得る値の範囲を求めよ．

[解説] 例えば，$y=5$ となり得るのでしょうか？
$y=5$ となり得るということは，
　$-1 \leqq x \leqq 1$ の範囲のうまい x を選ぶと
　$5=2x+1$ とできる
ということです．

$5=2x+1$ を解くと $x=2$ となり，$-1 \leqq x \leqq 1$ の範囲にないので，$y=5$ とはなり得ないと分かります．

この「5」を一般の「k」に変えて考えると，
　$y=k$ となり得る
$\iff \begin{cases} k=2x+1 \text{ かつ } -1 \leqq x \leqq 1 \\ \text{を満たす } x \text{ が存在する} \end{cases}$ ……Ⓐ

となります．

$x=\dfrac{k-1}{2}$ ですから，Ⓐ $\iff -1 \leqq \dfrac{k-1}{2} \leqq 1$

よって，$-1 \leqq k \leqq 3$ となり，求める y の取り得る値の範囲が，$\boldsymbol{-1 \leqq y \leqq 3}$ と分かります．

　　　　　＊　　　　　　　＊

「大学への数学」では，このようにとらえる方法を，逆手流とよんでいます．

例題2 実数 x，y が $x^2+xy+y^2=1$ を満たすとき，y の取り得る値の範囲を求めよ．

[解説] さきほどと違い，x には $-1 \leqq x \leqq 1$ というような制限がありません．

すると y は任意の値を取り得るのでしょうか？
そこで，少し"実験"してみましょう．
- $y=1$ となり得るか？
$x^2+xy+y^2=1$ ……㋐
に，$y=1$ を代入すると，

$x^2+x=0$　∴　$x=0, -1$

よって，$x=0$ か -1 とすることで $y=1$ となり得ることが分かります．$y=1$ を実現させる x が1つでもあれば（少なくとも1つあれば）$y=1$ となり得ます．

- $y=2$ となり得るか？
㋐に $y=2$ を代入すると，
$x^2+2x+3=0$　∴　$x=-1\pm\sqrt{-2}$（虚数）
$y=2$ とする実数 x は存在しないということなので，$y=2$ とはなり得ません．

これで様子が分かりましたね．

解 y が k（実数）という値を取り得る
$\iff x^2+xk+k^2=1$ を満たす実数 x が存在する
$\iff \begin{cases} x \text{ の2次方程式 } x^2+kx+k^2-1=0 \\ \text{の判別式 } D \geqq 0 \end{cases}$

よって，$D=k^2-4(k^2-1) \geqq 0$ により，

$3k^2 \leqq 4$　∴　$-\dfrac{2}{\sqrt{3}} \leqq k \leqq \dfrac{2}{\sqrt{3}}$

したがって y の取り得る値の範囲は $\boldsymbol{-\dfrac{2}{\sqrt{3}} \leqq y \leqq \dfrac{2}{\sqrt{3}}}$

　　　　　＊　　　　　　　＊

逆手流を使って，次の分数関数の値域も分かります．

例題3 $y=\dfrac{x^2+1}{2x+1}$（$x>0$）の値域を求めよ．

解 y が k という値を取り得る
$\iff k=\dfrac{x^2+1}{2x+1}$ を満たす x（$x>0$）が存在する
$\iff x^2-2kx+1-k=0$ ……①
　を満たす x（$x>0$）が存在する
$\iff$ 2次方程式①が，正の解を少なくとも1つ持つ

ここで，①の左辺を $f(x)$，判別式を D とする．

1° ①の2解（重解を含む）がともに正である条件は，
$\begin{cases} D/4 \geqq 0 \\ \text{軸}: k>0 \\ f(0)>0 \end{cases} \therefore \begin{cases} k^2+k-1 \geqq 0 \\ k>0 \\ k<1 \end{cases}$
$\therefore \dfrac{-1+\sqrt{5}}{2} \leqq k < 1$

2° ①が正と負の解を持つ条件は，
$f(0)<0$　∴　$k>1$

3° ①が 0 を解にもつとき，$f(0)=0$ により $k=1$ でこのとき①は，$x^2-2x=0$ により，解は 0 と 2（正）．

1°〜3° により，y の値域は，$\boldsymbol{y \geqq \dfrac{-1+\sqrt{5}}{2}}$

集合と論理

■ 要点の整理　　　　　　　　　　　　　　　　　　　　68

■ 例題と演習題
　1　集合の共通部分・和集合・補集合　　　　　　　　72
　2　集合の要素の個数　　　　　　　　　　　　　　　73
　3　数直線と命題　　　　　　　　　　　　　　　　　74
　4　命題の真偽，背理法　　　　　　　　　　　　　　75
　5　命題と必要条件・十分条件／その(1)　　　　　　 76
　6　命題と必要条件・十分条件／その(2)　　　　　　 77
　7　逆・裏・対偶　　　　　　　　　　　　　　　　　78
　8　「ある」と「すべて」がらみ　　　　　　　　　　79

■ 演習題の解答　　　　　　　　　　　　　　　　　　80

■ コラム　推理できるとは　　　　　　　　　　　　　84

集合と論理
要点の整理

とくにことわりがない限り数は実数の範囲とします．

1. 命題と集合

1・1 集合の包含関係・部分集合

集合 A, B について，A の任意の要素 x が B に属するとき，すなわち，

「$x \in A$ ならば $x \in B$」

が成り立つとき，

「A は B に含まれる」「B は A を含む」

といい，記号 $A \subset B$ で表す．このとき，「A は B の部分集合である」という．とくに，

「$A \subset B$ かつ $B \subset A$」$\iff$「$A = B$」

である．$A = B$ を示したければ，$A \subset B$ と $B \subset A$ とを示せばよい．

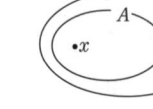

「$A \subset B$ かつ $A \neq B$」であるとき，「A は B の真部分集合である」という．

なお，空集合 ϕ はすべての集合の部分集合である．

1・2 集合の共通部分・和集合・補集合

集合 A, B の両方に属する要素の集合を，A と B との**共通部分**といい，記号 $A \cap B$ で表す．

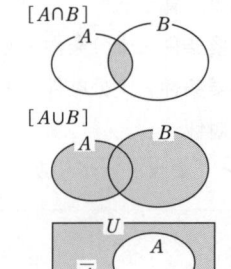

集合 A, B の少なくとも一方に属する要素の集合を，A と B との**和集合**といい，記号 $A \cup B$ で表す．

全体集合 U のうち，集合 A に属さない要素の集合を，A の**補集合**といい，記号 $\overline{A}$ で表す．このとき，

$A \cup \overline{A} = U$, $A \cap \overline{A} = \phi$, $\overline{\overline{A}} = A$

が成り立つ．

3つの集合 A, B, C について，A, B, C の全てに属する要素の集合を $A \cap B \cap C$, A, B, C の少なくとも1つに属する要素の集合を $A \cup B \cup C$ と表す．

なお，$A \cup B \cap C$ のような表現は，$(A \cup B) \cap C$ の意味なのか $A \cup (B \cap C)$ の意味なのか分からないので，このような表現はしない．

ちなみに，例えば，$\overline{A \cup B} \cap C$ は $\overline{A \cup B}$ と C との共通部分を，$\overline{A \cap B} \cup C$ は $\overline{A \cap B}$ と C との和集合を，それぞれ意味する表現である．括弧を用いてそれぞれ $(\overline{A \cup B}) \cap C$, $(\overline{A \cap B}) \cup C$ と書くのと同じ意味である．

★分配法則

$A \cap (B \cup C)$
$= (A \cap B) \cup (A \cap C)$ …①
$A \cup (B \cap C)$
$= (A \cup B) \cap (A \cup C)$ …②

が成り立つ．

（右図参照）

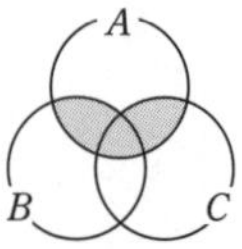

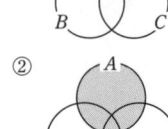

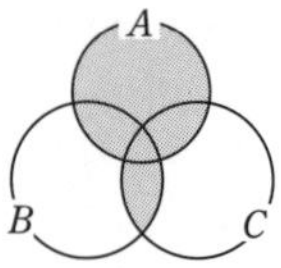

★ド・モルガンの法則──集合に関する

$\overline{A \cap B} = \overline{A} \cup \overline{B}$ ……③, $\overline{A \cup B} = \overline{A} \cap \overline{B}$ ……④

が成り立つ（下図参照）．

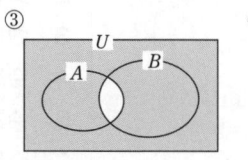

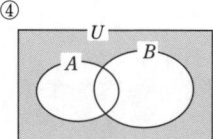

1・3 集合の要素の個数

要素の個数が有限である集合を有限集合という．有限集合 A の要素の個数を $n(A)$ で表す．他方，自然数全体の集合や，実数全体の集合のように，要素の個数が有限でない集合を無限集合という．

2つの有限集合 A, B について，

$n(A \cup B) = n(A) + n(B) - n(A \cap B)$

が成り立つ．

とくに，$A \cap B = \phi$ であるときには，

$n(A \cup B) = n(A) + n(B)$

が成り立つ．

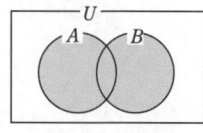

A の補集合 $\overline{A}$ について，全体集合を U とすると，

$n(\overline{A}) = n(U) - n(A)$

が成り立つ．

3つの有限集合 A, B, C については，
$$n(A\cup B\cup C)$$
$$=n(A)+n(B)+n(C)$$
$$-n(A\cap B)$$
$$-n(B\cap C)$$
$$-n(C\cap A)$$
$$+n(A\cap B\cap C)$$ 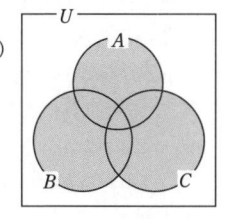
が成り立つ．

1・4 必要条件・十分条件

条件 p, q について，命題「$p\Longrightarrow q$」（「p ならば q」）が真であるとき，

$\left.\begin{array}{l}p\text{ は }q\text{ であるための}\textbf{十分条件}\\q\text{ は }p\text{ であるための}\textbf{必要条件}\end{array}\right\}$ という．

「$p\Longrightarrow q$」と「$q\Longrightarrow p$」とが共に真であるとき，p は q の**必要十分条件**であるといい，「$p\Longleftrightarrow q$」と表す．このとき，「p と q とは**同値**である」ともいう．

1・5 条件と集合

例えば，条件 p：「$x>1$」について，p をみたす x の集合 P は，$P=\{x\mid x>1\}$ と書けるが，この集合 P を「条件 p の**真理集合**」という．

一般に，条件 p, q の真理集合を P, Q とすると，

- 「$p\Longrightarrow q$」が真であることと，$P\subset Q$ が成り立つことは同じ
- 「$p\Longleftrightarrow q$」が真であることと，$P=Q$ が成り立つことは同じ

である．例えば，
$$p:|x|<1, \ q:|x|<2$$
とすると，「$p\Longrightarrow q$」は真であるが，これは2つの集合
$$P=\{x\mid |x|<1\}$$
$$Q=\{x\mid |x|<2\}$$
について，$P\subset Q$ となっていることに対応している．

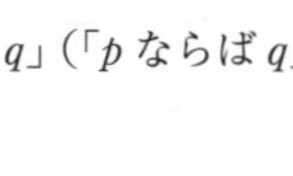

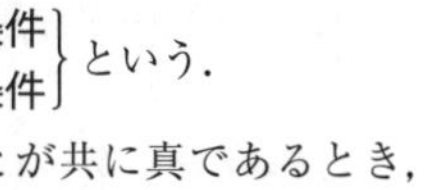

条件 p の否定 $\bar{p}$ については，P の補集合 $\bar{P}$ がその真理集合である．例えば $p:|x|<1$ のときには，$\bar{p}:|x|\geqq 1$ であり，その真理集合は $\bar{P}=\{x\mid |x|\geqq 1\}$ である．

★「かつ」と「または」の否定（ド・モルガンの法則）

条件 p, q の真理集合 P, Q について，前述 1・2 の，集合に関するド・モルガンの法則を用いると，
$$\overline{P\cap Q}=\bar{P}\cup\bar{Q}, \ \overline{P\cup Q}=\bar{P}\cap\bar{Q}$$
であるから，

- $\overline{p\text{ かつ }q} \iff \bar{p}\text{ または }\bar{q}$
- $\overline{p\text{ または }q} \iff \bar{p}\text{ かつ }\bar{q}$

である．

1・6 逆・裏・対偶

命題「$p\Longrightarrow q$」に対し，
$q\Longrightarrow p$ を，逆
$\bar{p}\Longrightarrow\bar{q}$ を，裏
$\bar{q}\Longrightarrow\bar{p}$ を，対偶 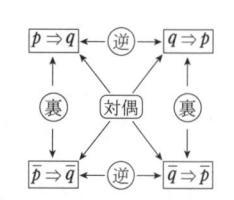
という．

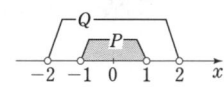

「$p\Longrightarrow q$」が真であっても，その逆や裏は必ずしも真ではない．しかし，p, q の真理集合 P, Q について，$P\subset Q$ と $\bar{Q}\subset\bar{P}$ とは同値であるから，「$p\Longrightarrow q$」が真であることと「$\bar{q}\Longrightarrow\bar{p}$」が真であることは同じである．従って，ある命題の真偽は，その対偶の真偽と一致する．

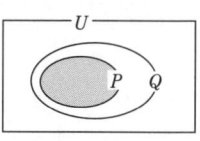

命題「$p\Longrightarrow q$」とその対偶「$\bar{q}\Longrightarrow\bar{p}$」とは真偽が一致する．よって，「$p\Longrightarrow q$」の真偽判定に対偶を利用することもできる．また，証明なら，対偶を示してもよい．とくに，対偶を求めさせている場合は，元の命題より対偶の方がやりやすいことが多いので，活用したい．

★背理法

「××である」ことを証明するのに「××でない」ことを仮定して矛盾を導く証明法を背理法という．

有名な例は「$\sqrt{2}$ が無理数」であることの証明である．（☞本シリーズ「数A」p.75 に $\sqrt{6}$ の場合がある）．

命題「$p\Longrightarrow q$」を背理法で証明する場合は，p が成り立って q が成り立たないと仮定すると矛盾が生じることを示す．つまり，「p かつ $\bar{q}$ と仮定して矛盾を導く」ことになる．q の否定 $\bar{q}$ を使う対偶による証明と比較してみると，対偶で示す場合は $\bar{q}$ から $\bar{p}$ を導か

なければならないが（使える条件は $\bar{q}$ のみ），背理法では p と $\bar{q}$ の条件を合わせて使えるというメリットがある．

背理法は，示すべきことが，「0でない」「無理数」「互いに素」など否定をとった方が扱い易いとき，しばしば利用される（「無理数」は「有理数でない実数」，「互いに素」は「共通な素因数を持たない」であり，否定を利用して定義されている）．

1・7 「すべての」と「ある」の否定

「すべての x について○○が成立」の否定は，
「ある x について○○が不成立」，
「ある x について○○が成立」の否定は，
「すべての x について○○が不成立」

である．たとえば，

p：「すべての x について，$f(x)=0$」の否定 $\bar{p}$ は，
　　「ある x について，$f(x) \neq 0$」

q：「ある x について，$f(x)=0$」の否定 $\bar{q}$ は，
　　「すべての x について，$f(x) \neq 0$」

2．実数と論理

実数については p.7 で述べた．また，p.30 で虚数，複素数について述べた．

ここでは，論理がらみの問題でよく現れる実数の性質をまとめておくことにしよう．なお，虚数では大小関係は定義されない（できない）．以下，文字は実数を表す．

- $x \leqq y$ または $x \geqq y$ の少なくとも一方が成り立つ．
  とくに，「$x \leqq y$ かつ $x \geqq y$」$\iff x=y$
- $x \leqq y$ かつ $y \leqq z$ ならば，$x \leqq z$ ……………①
- $x \leqq y$ のとき，任意の実数 z について，
  $x+z \leqq y+z$ ……………………………………②
- $0 \leqq x$ かつ $0 \leqq y$ のとき，$0 \leqq xy$ ……………③
- $x \leqq y$ かつ $0 \leqq z$ のとき，$xz \leqq yz$ …………④
  （注：$x \leqq y$ かつ $0 \geqq z$ のときは，$xz \geqq yz$ というように不等号の向きが反対になることに注意）
- $x \leqq y$ かつ $a \leqq b$ のとき，$x+a \leqq y+b$ ………⑤
  （注：これに関連して，よくやるマチガイは，「$x \leqq y$ かつ $a \leqq b$ のとき，$x-a \leqq y-b$」としてしまうもの．こんな安易な引き算はダメ．正しくは，$x \leqq y$ と $-b \leqq -a$ とで両辺を加えて，$x-b \leqq y-a$）
- $0 \leqq x \leqq y$ かつ $0 \leqq a \leqq b$ のとき，$ax \leqq by$ ………⑥
  （注：「$x \leqq y$ かつ $a \leqq b$ ならば，$ax \leqq by$」とやってしまうのはマチガイ！たとえば，$-2 \leqq -1$ と $1 \leqq 3$ とで辺々掛け算してしまうと，$-2 \leqq -3$ となってしまい不合理．「$0 \leqq$」が効いている）
- $x \geqq 0$, $y \geqq 0$ のとき，$x \leqq y \iff x^2 \leqq y^2$ ………⑦
- x, y の正負によらず，$x \leqq y \iff x^3 \leqq y^3$ ………⑧
- 「$a \geqq 0$ かつ $b \geqq 0$」$\iff$「$a+b \geqq 0$ かつ $ab \geqq 0$」
  「$a \leqq 0$ かつ $b \leqq 0$」$\iff$「$a+b \leqq 0$ かつ $ab \geqq 0$」…⑨
- 上記①～⑨は，登場する不等号 $\leqq$, $\geqq$ をそれぞれすべて $<$, $>$ に書き換えても成り立つ．
- $a^2 \geqq 0$. 等号成立は $a=0$ のときのみ．
- $a^2+b^2 \geqq 0$. 等号成立は $a=b=0$ のときのみ．
- $a_1^2+a_2^2+\cdots+a_n^2 \geqq 0$. 等号成立は $a_1=\cdots=a_n=0$ のときのみ．
- $ab=0 \iff a=0$ または $b=0$
- $a_1 a_2 \cdots a_n = 0$
  $\iff a_1, \cdots, a_n$ の少なくとも1個が0

3．座標平面上の集合と論理

3・1 真理集合と座標平面

例えば，条件 p：「$|x|<1$ かつ $|y|<1$」を満たす実数の組 (x, y) の集合（すなわち，条件 p の真理集合）を P とすると，$P=\{(x, y) \mid |x|<1$ かつ $|y|<1\}$ と書けるが，これは xy 平面上で，図3-1の網目部のような正方形の領域（境界除く）を表している．このように，2文字 x, y に関する式で与えられた条件については，その真理集合を xy 平面上に描くことで，視覚的にとらえることができる．

同様にして，条件 q：「$|x|<2$ かつ $|y|<2$」の真理集合 Q は図3-2の網目

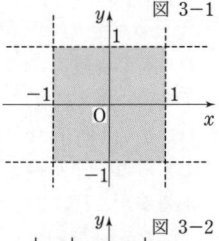

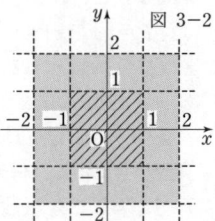

部のような正方形（境界除く）であり，これは P（図 3-2 の斜線部）を含む．

　ここで，「$p \Longrightarrow q$」という命題を考えると，この命題は真であるが，このことは $P \subset Q$ となっていることと対応している．すなわち，前述 1・5 で述べたように，「$p \Longrightarrow q$」が真であることと $P \subset Q$ が成り立つことは同じである．このように，2 文字 x, y に関する命題の真偽は，座標平面上での領域の包含関係としてとらえることで，視覚的に考えられる．

　以下では，いくつかのタイプの条件式に関して，その真理集合の xy 平面上での形状について記しておく．

3・2　$y > ax+b$, $y < ax+b$（直線の上側・下側）

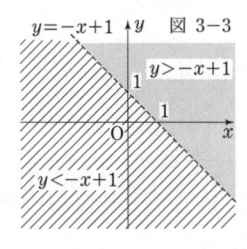

　例えば，条件 $y > -x+1$ を満たす点 (x, y) の集合は，直線 $y = -x+1$ の上側（境界除く），$y < -x+1$ を満たす点の集合は $y = -x+1$ の下側（境界除く）である（図 3-3）．このように，xy 平面は直線 $y = ax+b$ を境界として，領域 $y > ax+b$ と領域 $y < ax+b$ とにわかれる．（<, > を ≦, ≧ に替えると境界 $y = ax+b$ を含む領域になる．）

3・3　$x^2+y^2 < r^2$, $x^2+y^2 > r^2$（円の内部・外部）

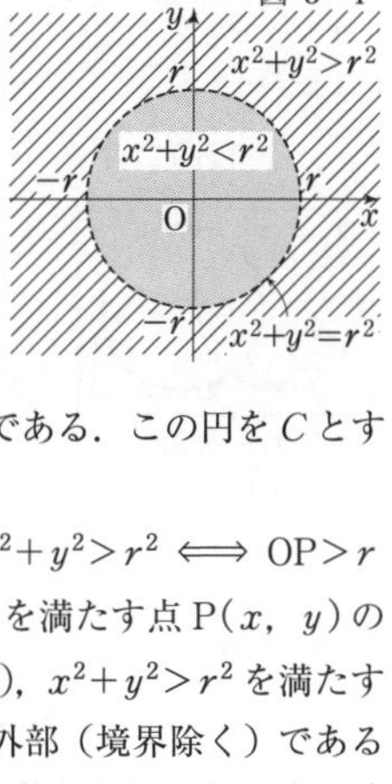

　点 $P(x, y)$ とする．まず，条件 $x^2+y^2 = r^2$（$r > 0$）を満たす点 P の集合を考える．xy 平面の原点を O とすると，$x^2+y^2 = r^2 \Longleftrightarrow OP = r$ であるので，$x^2+y^2 = r^2$ を満たす点 $P(x, y)$ の集合は，原点を中心とする半径 r の円である．この円を C とすると，
$x^2+y^2 < r^2 \Longleftrightarrow OP < r$, $x^2+y^2 > r^2 \Longleftrightarrow OP > r$
であるから，条件 $x^2+y^2 < r^2$ を満たす点 $P(x, y)$ の集合は円 C の内部（境界除く），$x^2+y^2 > r^2$ を満たす点 $P(x, y)$ の集合は円 C の外部（境界除く）である（図 3-4）．（<, > を ≦, ≧ に替えると，境界（円 C）を含む領域になる．）

3・4　$|x|+|y| < a$（$a > 0$）

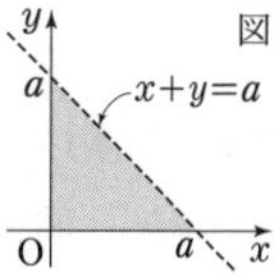

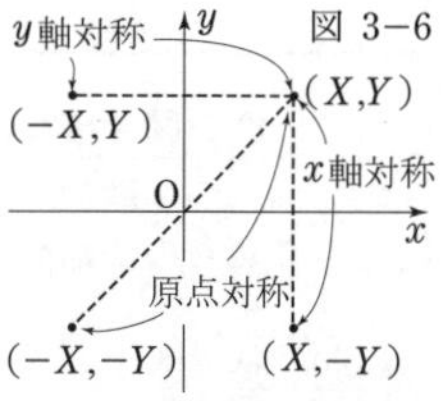

　$|x|+|y| < a$（$a > 0$）……㋐
は，$x \geq 0$, $y \geq 0$ のときには，$x+y < a$ となり，これは直線 $x+y = a$ の下側の領域（図 3-5 の網目部）である．ところで，$(x, y) = (X, Y)$ が㋐を満たすとき，
$(x, y) = (-X, Y)$,
$(x, y) = (X, -Y)$ もまた㋐を満たすから，㋐の表す領域は x 軸，y 軸に関して線対称である（図 3-6）．
よって，㋐の表す領域は図 3-7 のような正方形の内部（境界除く）である．（< を ≦ に替えると，境界を含む．）

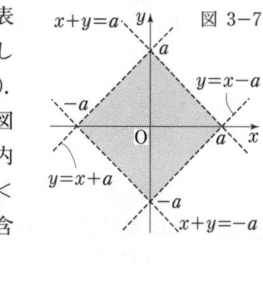

3・5　$|x+y| < a$（$a > 0$）

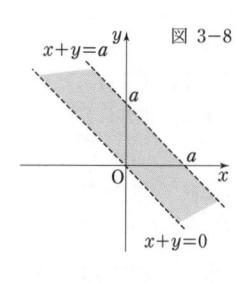

　$|x+y| < a$（$a > 0$）……㋑
は，$x+y \geq 0$ のときには，$x+y < a$ となるから，$x+y = 0$ の上側では，$x+y = a$ の下側である（図 3-8）．ところで，$(x, y) = (X, Y)$ が㋑を満たすとき，$(x, y) = (-X, -Y)$ も㋑を満たすから，その領域は原点に関して点対称（図 3-6）．よって，㋑の表す領域は図 3-9 の網目部（境界除く）である．（< を ≦ に替えると，境界を含む．）

➡注　$|x+y| < a \Longleftrightarrow -a < x+y < a$（☞ p.17, 2°）に着目すれば，図 3-9 になることがすぐに分かる．

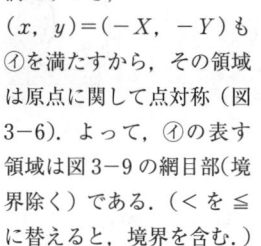

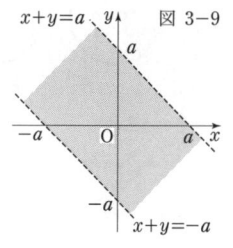

1 集合の共通部分・和集合・補集合

(ア) 空欄にあてはまる適切な論理式を選択肢より選んで答えよ． (昭和女子大，一部省略)
(1) $(A \cup B) \cap (A \cup C) = A \cup (\boxed{})$　(2) $(A \cap \overline{B}) \cup (A \cap \overline{C}) = A \cap (\boxed{})$
(3) $(\overline{A \cap B \cap C}) \cap C = (\boxed{}) \cap C$

選択肢 (a) $A \cup B$　(b) $B \cup C$　(c) $C \cup A$　(d) $A \cap B$　(e) $B \cap C$　(f) $C \cap A$
(g) $\overline{A \cup B}$　(h) $\overline{B \cup C}$　(i) $\overline{C \cup A}$　(j) $\overline{A \cap B}$　(k) $\overline{B \cap C}$　(l) $\overline{C \cap A}$

(イ) 空欄に下の条件 $P_1 \sim P_4$ から正しいものをひとつ選んで入れよ． (明治学院大・文，一部省略)
$A \supset B$ と同値な条件は $\boxed{(1)}$．$B \supset A$ と同値な条件は $\boxed{(2)}$．$\overline{A} \supset B$ と同値な条件は $\boxed{(3)}$．
$P_1 : (A \cap B) \supset B$　$P_2 : (A \cap \overline{B}) \supset A$　$P_3 : (\overline{A} \cup B) \supset A$　$P_4 : (A \cap \overline{B}) \supset B$

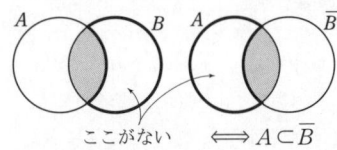

［ベン図を描くのが基本］ 集合の共通部分・和集合・補集合をとらえる基本はベン図を描くことである．ベン図から，「分配法則」や「ド・モルガンの法則」が成り立つことが分かる．ベン図を描く方法に，これらの法則を適宜組み合わせるといった使い方もできるようにしておくとよいだろう．

解答

(ア) (1)～(3)の左辺が表す集合をベン図に描くと下図のようになる．

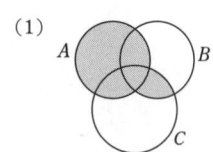

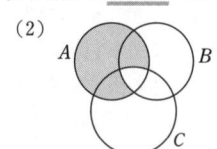

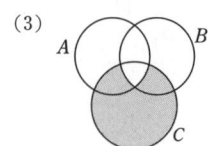

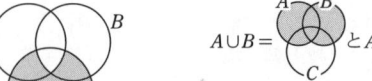

(1) $(A \cup B) \cap (A \cup C) = A \cup (B \cap C)$ となり，答えは，(e)
(2) $(A \cap \overline{B}) \cup (A \cap \overline{C}) = A \cap (\overline{B \cap C})$ となり，答えは，(k)
(3) $(\overline{A \cap B \cap C}) \cap C = (\overline{A \cap B}) \cap C$ となり，答えは，(j)

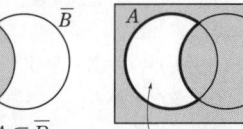

⇨注 (1) 分配法則（p.68の①で，右辺⇨左辺）の式である．
(2) $(A \cap \overline{B}) \cup (A \cap \overline{C}) = A \cap (\overline{B} \cup \overline{C}) = A \cap (\overline{B \cap C})$
(3) $(\overline{A \cap B \cap C}) \cap C = (\overline{A \cap B} \cup \overline{C}) \cap C = (\overline{A \cap B} \cap C) \cup (\overline{C} \cap C)$
$= (\overline{A \cap B} \cap C) \cup \phi = \overline{A \cap B} \cap C$

(イ) $P_1 \sim P_4$ の条件の左辺を網目部で表すと，以下のようになる．
$P_1 : (A \cap B) \supset B$　$P_2 : (A \cap \overline{B}) \supset A$　$P_3 : (\overline{A} \cup B) \supset A$　$P_4 : (A \cap \overline{B}) \supset B$

ここがない　⟺ $A \supset B$　　⟺ $\overline{A} \subset \overline{B}$ ⟺ $\overline{A} \supset \overline{B}$　　ここがない ⟺ $A \subset \overline{B}$　　（網目部⊃B）⟺ $B = \phi$

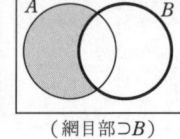

以上により，答えは，(1) $\cdots P_1$，(2) $\cdots P_3$，(3) $\cdots P_2$

⇦ 例えば(1)を図示するには，$A \cup B$ と $A \cup C$ の共通部分($\cap$)を図示して，左図のようになる．

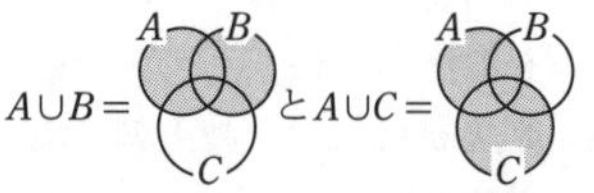

⇦ (1)のベン図は，A 以外に $B \cap C$ の部分も含んでいることから答えを探す．(2)(3)も同様．

⇦ 式変形で解くと左のようになる．最初の等号は分配法則，2番目はド・モルガンの法則による．

⇦ 網目部 ⊃ 右辺 となる条件を求める．例えば，P_1 の場合，網目部が B を含むことになり，太枠部で囲まれた部分がない（空集合）ことになる．

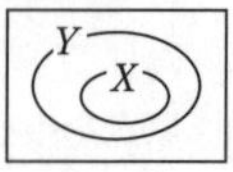

⇦ 一般に，$X \subset Y \iff \overline{X} \supset \overline{Y}$（上図参照）

◯1 演習題（解答は p.80）

① $\overline{A} = B$　② $B \subset (A \cap B)$　③ $(A \cup B) \subset A$　④ $(A \cup B) \subset B$　⑤ $A \subset (A \cap \overline{B})$
⑥ $B \subset (\overline{A} \cap B)$　⑦ $(A \cup \overline{B}) \subset A$　⑧ $A \subset (\overline{A} \cup B)$　⑨ $\overline{A} \subset (\overline{A \cap B})$　⑩ $\overline{B} = A$

この10個の条件の中で，①，②，④，⑤，⑦と同値になる条件をそれぞれ選べ．ただし，自分自身は除く．　(明治学院大・文，法)

例題(イ)と同様にして解いていく．

2 集合の要素の個数

女子大生へのスポーツ観戦に関するアンケート結果として，野球を観戦したことがある学生の集合を A，ラグビーを観戦したことがある学生の集合を B，サッカーを観戦したことがある学生の集合を C とする．それぞれの集合に含まれる学生の人数が

$n(A)=37$, $n(C)=57$, $n(A\cap C)=18$, $n(B\cap C)=24$, $n(A\cup B)=61$, $n(B\cup C)=66$,
$n(A\cup B\cup C)=82$　（$n(A)$ は集合 A に含まれる学生の人数を表す．他も同様．）

のとき，次の問いに答えよ．

(1) ラグビーを観戦したことがある学生は ☐ 人である．
(2) 野球もラグビーも観戦したことがある学生は ☐ 人である．
(3) 野球，ラグビー，サッカーのすべてを観戦したことがある学生は ☐ 人である．
(4) 野球，ラグビー，サッカーのどれか一種目のみ観戦したことがある学生は ☐ 人である．

(椙山女学園大)

ベン図を描いて未知数を文字で置く　集合の要素の個数（人数など）を求める問題は頻出である．この種の問題については，「ベン図を描いて，分かっている数値を書き込み，分かっていない未知数を文字でおき，方程式を立てる」方法が堅実である．まずこの解法を身につけよう．

解答

各集合の要素の人数を右図のように定めると，与えられた条件により，

$x+p+r+w=37$ ……①, $z+q+r+w=57$ ……②
$r+w=18$ ……③, $q+w=24$ ……④
$x+y+p+q+r+w=61$ ……⑤
$y+z+p+q+r+w=66$ ……⑥
$x+y+z+p+q+r+w=82$ ……⑦

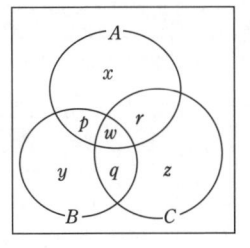

これらを連立して解いていく．⑦−⑤と⑦−⑥から，$z=21$, $x=16$
①−③と②−④から，$x+p=19$, $z+r=33$　∴ $p=3$, $r=12$
よって③から $w=6$ で，④から $q=18$
$x=16$, $p=3$, $q=18$, $r=12$, $w=6$ と⑤から，$y=6$
よって，$x=16$, $y=6$, $z=21$, $p=3$, $q=18$, $r=12$, $w=6$ となるから，

(1) $y+p+q+w=$ **33**　　(2) $p+w=$ **9**
(3) $w=$ **6**　　(4) $x+y+z=$ **43**

⇒注　例えば(1)は，$n(B\cup C)=n(B)+n(C)-n(B\cap C)$ を用いて，
$66=n(B)+57-24$　∴ $n(B)=33$ とすることもできる．

⇐このようにベン図を描いて式を立て終わったら，問題を解くのに必要な情報はすべて網羅されているはず．

⇐共通な項が多いので，それらが消えるような変形を考える．

○2 演習題（解答は p.80）

50人の学生が，数学，物理，英語のうち少なくとも1つの科目を学習している．数学を学習している人は35人，物理を学習している人は30人，英語を学習している人は42人である．また，英語だけを学習している人は5人である．

(1) 数学と物理の両方を学習している人は ☐ 人である．
(2) 数学を学習しているが，物理を学習していない人は ☐ 人である．
(3) 3科目すべてを学習している人は最少で ☐ 人，最多で ☐ 人である．

(日本大・工)

(3) ベン図を描き，未知の人数を設定する．ベン図から分かる不等式を使う．

3 数直線と命題

（1）xを実数，aを整数として，集合 P, Q, R をそれぞれ

$$P=\left\{x\left|\left|x-\frac{13}{2}\right|\geqq 3\right.\right\}, \quad Q=\{x|x^2+18x+79\geqq 0\}, \quad R=\left\{x\left||x|\leqq\frac{a}{2}\right.\right\}$$

とするとき，$\overline{P\cap Q}\subset R$ を満たす a の最小の値は □ である．　　　（中京大・情）

（2）命題「$a<x<a+2$ ならば，$x^2-10x-24<0$ である」が真となる定数 a の値の範囲は □ である．　　　（日本大・文理（文系））

▶ **実数の集合は，数直線上で考えよう**　実数の集合を数直線上に図示すれば，集合どうしの包含関係や共通部分，和集合，補集合などが視覚的に考えられるようになり，分かり易くなる．

▶ **不等式の命題は，数直線上の区間どうしの関係からとらえる**　例えば，「$3<x<4$ ならば，$2<x<5$ である」という命題の真・偽は，数直線上で，2つの集合 $A=\{x|3<x<4\}$，$B=\{x|2<x<5\}$ について，$A\subset B$ が成立する・成立しないと一致する．つまり，区間 $3<x<4$ が区間 $2<x<5$ の中に含まれる・含まれないに一致する．いまは，右図により，この命題は真である．このように，不等式で表された命題については，数直線上の区間の包含関係によって視覚的にとらえることができる．

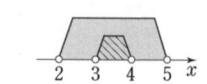

解 答

（1）$\left|x-\frac{13}{2}\right|\geqq 3$ のとき，$x-\frac{13}{2}\leqq -3$ または $3\leqq x-\frac{13}{2}$ 　　　⇦整理すると，$x\leqq\frac{7}{2}, \frac{19}{2}\leqq x$

$x^2+18x+79\geqq 0$ のとき，$x\leqq -9-\sqrt{2}$ または $-9+\sqrt{2}\leqq x$

$\alpha=-9-\sqrt{2}, \beta=-9+\sqrt{2}$ とおくと，

　P は「$x\leqq\frac{7}{2}$ または $\frac{19}{2}\leqq x$」

　Q は「$x\leqq\alpha$ または $\beta\leqq x$」

であり，数直線上に図示すると図1のようになる．

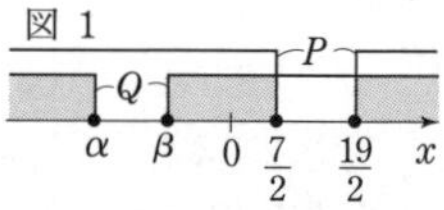

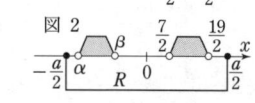

$P\cap Q$ は図1の網目部であるから，$\overline{P\cap Q}$ は図2の網目部である．これが R：「$-\frac{a}{2}\leqq x\leqq\frac{a}{2}$」に含まれる条件は，

$|\alpha|>\frac{19}{2}$ に注意すると，$-\frac{a}{2}\leqq\alpha$　∴　$a\geqq -2\alpha=2(9+\sqrt{2})$　　　⇦ $|\alpha|=9+\sqrt{2}>10>\frac{19}{2}$

よって，$a\geqq 2\times 10.4\cdots=20.8\cdots$　だから，答えは $\boldsymbol{a=21}$

（2）$x^2-10x-24<0$ のとき，$(x+2)(x-12)<0$　∴　$-2<x<12$

したがって，$a<x<a+2$ ならば $-2<x<12$ となる a の条件を求めればよい．

右図により，その条件は，

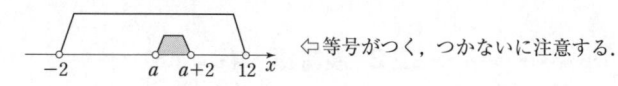

　$-2\leqq a$ かつ $a+2\leqq 12$

　∴　$\boldsymbol{-2\leqq a\leqq 10}$

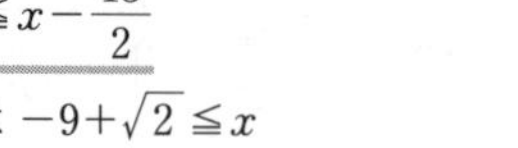

⇦ 等号がつく，つかないに注意する．

○3 演習題（解答は p.81）

実数 x に対して，次の3つの条件 p, q, r がある．

$p: 2x-7\geqq x+5, \quad q: x^2-(2a-1)x+a^2-a-6\leqq 0, \quad r: 14\leqq x\leqq 15$

q が p であるための十分条件で，かつ q が r であるための必要条件であることを満たす整数 a をすべて加えると □ となる．　　　（中京大・情報工，生命工）

> もちろん，数直線上の区間の包含関係を考える．

4 命題の真偽，背理法

次の各命題の真偽を答えよ．さらに，真である場合には証明し，偽である場合には反例をあげよ．ただし，(1)～(3)において，x, y は実数とする．

(1) $x>0$ かつ $xy>0$ ならば，$y>0$ である．
(2) $x≧0$ かつ $xy≧0$ ならば，$y≧0$ である．
(3) $x+y≧0$ かつ $xy≧0$ ならば，$y≧0$ である． ((1)～(3) 神戸大・理系)
(4) x が有理数，y が無理数ならば，$x+y$ は無理数である．
(5) x, y が無理数ならば，$x+y$ は無理数である． ((4), (5) 愛知教育大)

具体例から真偽を予想 真偽が容易に分かる場合は別だが，「$p \Longrightarrow q$」の形の命題の真偽は，p を満たす例が q を満たすかどうかを調べることによって予想しよう．p を満たす例は，0, 1, −1 といった簡単な数を利用する．もしもその例が q を満たさなければ，成り立たない例（＝反例）であり，その命題が偽であることが分かる．

直接証明しにくいときは背理法 例えば無理数であることを直接証明するのはやりにくい．その原因は，無理数の定義が「有理数ではない実数」ということにある（「ではない」ことは示しにくい）．このようなときは背理法を使うのがよい．

■解答■

(1) 真．(証明) $x>0$ かつ $xy>0$ ならば，$xy>0$ の両辺を $x(>0)$ で割っても不等号の向きは変わらず，$y>0$ が導かれる．

(2) 偽．(反例) $x=0$, $y=-1$

(3) 真．(証明) 背理法で示す．
$x+y≧0$ ……① かつ $xy≧0$ ……② であって，$y<0$ ……③ とする．
①，③により，$x≧-y>0$ であるから，②の両辺を $x(>0)$ で割ると $y≧0$ が導かれる．これは③に反するから，①かつ②ならば，$y≧0$ である．

(4) 真．(証明) 背理法で示す．
x が有理数……④ かつ y が無理数……⑤ であって，$x+y$ が有理数……⑥ とする．④，⑥のとき，
$$y=(x+y)-x=(有理数)-(有理数)=(有理数)$$
となるが，これは⑤に反する．よって，④かつ⑤ならば，$x+y$ は無理数．

(5) 偽．(反例) $x=\sqrt{2}$, $y=-\sqrt{2}$

⇔ $x>0$ なら，(1)と同様にして，真であることが分かる．反例があれば $x=0$ のときで，$x=0$, $y=-1$ のとき，$x≧0$ かつ $xy≧0$ であるが，$y<0$ の例になっている．

○4 演習題（解答は p.81）

(ア) 以下の命題の真偽を述べ，真の場合には証明し，偽の場合には反例をあげよ．
(1) x が無理数ならば，x^2 と x^3 の少なくとも一方は無理数である．
(2) 実数 x, y について，$x+y, xy$ が無理数ならば，x, y は無理数である．
(3) 自然数 n について，n^2 が 8 の倍数ならば，n は 4 の倍数である．
(4) a, b, c が実数で $a^2>bc$ かつ $ac>b^2$ であれば，$a \neq b$ である．
((1)～(3) 東北学院大，(4) 奈良大)

(イ) (1) m が自然数のとき，$\sqrt{m}$ が整数でなければ，$\sqrt{m}$ は無理数であることを証明せよ．
(2) n が 2 以上の整数のとき，$\sqrt{n^2+3}$ は無理数であることを証明せよ．
(京都教育大)

(ア) 真と予想されるものを証明するとき，結論を否定した形の方が扱い易いときは背理法を使う．
(イ) もちろん，(2)は(1)を使う．

⬢5 命題と必要条件・十分条件／その(1)

各文字は実数とする．以下の空欄にあてはまるものを，下の選択肢(a)〜(d)から1つずつ選べ．

(a) 必要条件であるが十分条件ではない　　(b) 十分条件であるが必要条件ではない
(c) 必要十分条件である　　(d) 必要条件でも十分条件でもない

(1) $a+b+c=0$ のとき，a, b がともに負であることは，$ac, b+c$ が異符号であるための ◻．
(共立女子大・短大)

(2) $a=b=c$ は $a^2+b^2+c^2-ab-bc-ca=0$ であるための ◻．
(松山大・人文)

(3) $x^2>y^2$ は，$x>y$ であるための ◻．
(帝京大・文)

(4) 「$ab=0$」は「$|a-b|=|a+b|$」が成立するための ◻．
(大阪学院大)

(5) $a \neq 0, b \neq 0$ とする．$a+b\sqrt{2}=0$ であることは a と b の少なくとも一方は無理数であるための ◻．
(大東文化大)

必要条件・十分条件 命題 $p \Longrightarrow q$ が真のとき，q：必要条件，p：十分条件である．条件 p, q を満たすものの集合（真理集合）をそれぞれ P, Q とすると，「$p \Longrightarrow q$ が真」 $\Longleftrightarrow$ 「$P \subset Q$」．(外側が必要条件，内側が十分条件)

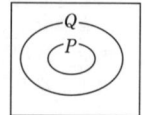

同値変形 x, y が実数のとき，「$x^2+y^2=0 \Longleftrightarrow x=0$ かつ $y=0$」，「$|x|=|y| \Longleftrightarrow x^2=y^2$」などといった同値変形も活用できるようにしておこう．(2)(4)で使う．

解答

(1) $a+b+c=0$ ……① のとき，「a, b がともに負」……② ならば $c=-(a+b)>0$ により $ac<0$，また $b+c=-a>0$．よって，
② $\Longrightarrow$ 「$ac, b+c$ は異符号」である．$\Longleftarrow$ は不成立（反例は，$a=-1, b=0, c=1$）であるから，答えは(b)である（十分だが必要でない）．

(2) $a^2+b^2+c^2-ab-bc-ca=0 \Longleftrightarrow (a-b)^2+(b-c)^2+(c-a)^2=0$
$\Longleftrightarrow a=b=c$　よって，答えは(c)である（必要十分条件）．

(3) 「$x^2>y^2$」 $\Longrightarrow$ 「$x>y$」は不成立（反例は，$x=-2, y=0$）．また，$\Longleftarrow$ も不成立（反例は，$x=0, y=-1$）．よって答えは(d)である．

(4) $|a-b|=|a+b| \Longleftrightarrow (a-b)^2=(a+b)^2 \Longleftrightarrow ab=0$．よって答えは(c)．

(5) $b \neq 0$ により，$a+b\sqrt{2}=0 \Longleftrightarrow \sqrt{2}=-\dfrac{a}{b}$ ……③　a と b がともに有理数のとき③は不成立だから，③ $\Longrightarrow$ 「a と b の少なくとも一方は無理数」．$\Longleftarrow$ は不成立（反例，$a=b=\sqrt{2}$）．答えは(b)．（十分だが必要でない）

⇦問題文で「p は」と書かれていたら，p がどのような条件であるかを答える．なお，前文で書いたまとめは，かなりラフに表現している．きちんと書くなら，
q は，p であるための必要条件
などとなる．

⬡5 演習題（解答は p.82）

各文字は実数とする．空欄にあてはまるものを，上の例題の選択肢から1つずつ選べ．

(1) 整数 n について，「n が3の倍数であり4の倍数でない」ために「n が12の倍数でない」ことは (ア)．
(岡山商大)

(2) 「$x^2+y^2+z^2=0$」を A，「$x+y+z=0$ かつ $xy+yz+zx=0$」を B とすると，A は B であるための (イ)．また，「$x+y+z=0$ かつ $xyz=0$」を C とすると，A は C であるための (ウ)．
(仏教大)

(3) $a+b$ と $a-b$ のうち少なくとも一方は無理数であることは a と b がともに無理数であるための (エ)．
(大東文化大)

(1) 各条件に適する数を小さい方から書き出してみよう．
(2) B は一文字消去して変形してみよう．
(3) ○4と同様に．

6 命題と必要条件・十分条件／その（２）

x, y は実数とする．以下の文中の空欄にあてはまるものを，下の選択肢(a)～(d)から１つ選べ．

(a) 必要条件であるが十分条件ではない　　(b) 十分条件であるが必要条件ではない
(c) 必要十分条件である　　　　　　　　　(d) 必要条件でも十分条件でもない

（１）「$|x|\leqq 1$ かつ $|y|\leqq 1$」は「$x^2+y^2\leqq 1$」が成立するための　　　．
（２）「$|x|+|y|\leqq 1$」は「$x^2+y^2\leqq 1$」が成立するための　　　．
（３）「$|x|\leqq 1$ かつ $|y|\leqq 1$」は「$|x+y|\leqq 1$」が成立するための　　　．

（東京農大）

◆**２変数の不等式の条件は，座標平面を使ってとらえよう**　例えば $x^2+y^2<1$ や $|x|+|y|<1$ といった形の不等式は，xy 平面上で円や正方形といった図形の内部の領域を表す（☞ p.71）

◆**２変数の不等式の命題は，座標平面上の領域どうしの関係からとらえる**　例えば，命題「$x^2+y^2\leqq 1$ ならば，$|x|<2$ かつ $|y|<2$ である」の真・偽は座標平面上で領域 $A=\{(x,y)|x^2+y^2\leqq 1\}$，領域 $B=\{(x,y)||x|<2$ かつ $|y|<2\}$ について，$A \subset B$ が成立する・成立しないと一致する．いま，右図で，領域 A は斜線部の円板（境界を含む），領域 B は網目部の正方形（境界を除く）を表すので，$A \subset B$ が成立し，この命題は真と分かる．このように，２変数の不等式で表された命題については，座標平面上の領域の包含関係によって視覚的にとらえることができる．これは ○3 でやった，１変数の不等式で表された命題が「数直線上の区間の包含関係」でとらえられることと同様である．

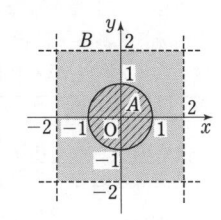

▓ 解 答 ▓

（１）座標平面上で，不等式「$|x|\leqq 1$ かつ $|y|\leqq 1$」が表す領域を A，不等式「$x^2+y^2\leqq 1$」が表す領域を B とする．A, B は，それぞれ図１の網目部，斜線部（ともに境界を含む）であり，$A \supset B$, $A \not\subset B$ である．
　よって，答えは，必要であるが十分ではない．(a)

（２）不等式「$|x|+|y|\leqq 1$」が表す領域を C とする．C, B はそれぞれ図２の網目部，斜線部（ともに境界を含む）であり，$C \subset B$, $C \not\supset B$ である．
　よって，答えは，十分であるが必要ではない．(b)

（３）不等式「$|x+y|\leqq 1$」が表す領域を D とする．A, D はそれぞれ図３の網目部，斜線部（ともに境界を含む）であり，$A \not\supset D$, $A \not\subset D$ である．
　よって，答えは，必要でも十分でもない．(d)

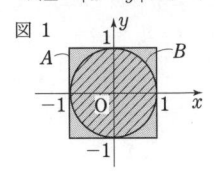

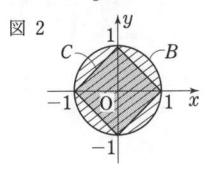

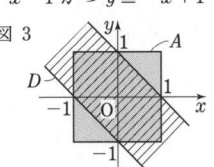

➡**注**　$|x+y|\leqq 1 \iff -1\leqq x+y\leqq 1 \iff y\geqq -x-1$ かつ $y\leqq -x+1$

⇦「$|x|\leqq 1$ かつ $|y|\leqq 1$」が外側（含む方）だから，必要条件．

⇦ $|x|+|y|\leqq 1$ ……① は，x を $-x$ に，y を $-y$ に替えても成り立つから，領域 $|x|+|y|\leqq 1$ の形は x 軸，y 軸に関して対称である（☞ p.71）．
　①は，$x\geqq 0$, $y\geqq 0$ のとき，$x+y\leqq 1$　∴ $y\leqq 1-x$
により，直線 $y=1-x$ の下側で，$x\geqq 0$, $y\geqq 0$ の部分を表す．
　以上から，領域 $|x|+|y|\leqq 1$ は，図２の網目部である．

図１　図２　図３

○6 演習題（解答は p.82）

a, b, x, y は実数とする．空欄にあてはまるものを，上の例題の選択肢から選べ．

（１）$a^2+b^2<2$ であることは，$|a|+|b|<3$ であるための　　　．

（上智大・総合人間科学，法，外国語）

（２）$p: x^2+y^2\geqq 1$, $q: |x|+|y|\geqq 1$, $r: |x+y|\geqq 1$ について，p は q の　　　．また，q は r の　　　．

（明治大・農）

⇦例題と同様に，領域の包含関係を調べる．

7 逆・裏・対偶

各文字は実数とする．次の(1)，(2)の命題の逆，裏，対偶を述べ，その真偽を調べよ．また，もとの命題の真偽も述べよ．
(1) 「$a+c \leq b+d$ ならば，$a \leq b$ または $c \leq d$ である．」
(2) 「xy が無理数ならば，x, y の少なくとも一方は無理数である．」

((1) 東京農大，(2) 宮崎大・農，教，改題)

命題の逆・裏・対偶 命題 $p \Longrightarrow q$ の逆・裏・対偶は右図に示したようである．元の命題の真偽と逆・裏の命題の真偽とは一般には一致しないが，「元の命題と対偶」，「逆と裏」の真偽はそれぞれ一致する．

「または」と「かつ」の否定 「早大か慶大に受かる」の否定は「早大にも慶大にも受からない」である．このように，「p または q」の否定は「$\bar{p}$ かつ $\bar{q}$」である．同様に，「p かつ q」の否定は「$\bar{p}$ または $\bar{q}$」であり，「または」と「かつ」が入れ替わる．条件 p, q の真理集合を P, Q とするとき，ド・モルガンの法則により，『$\overline{P \cup Q} = \bar{P} \cap \bar{Q}, \ \overline{P \cap Q} = \bar{P} \cup \bar{Q}$』が成り立つが，これに対応しているわけである．
まとめると， $\overline{p \text{ または } q} \Longleftrightarrow \bar{p} \text{ かつ } \bar{q}, \quad \overline{p \text{ かつ } q} \Longleftrightarrow \bar{p} \text{ または } \bar{q}$

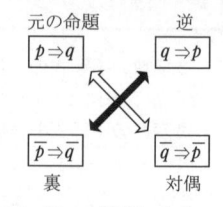

「少なくとも」の否定 「少なくとも…である」の否定は，「一つも…でない」

「または」，「少なくとも」では否定を活用 「または」や「少なくとも」をそのまま扱うと，場合分けが多く，しばしばやりにくい．本問のように対偶を作らせている問題では，「または」や「少なくとも」を否定して得られる対偶の真偽から元の命題の真偽を考えよう．この方が扱いやすい．

解答

(1) 逆：「$a \leq b$ または $c \leq d$ ならば，$a+c \leq b+d$ である．」
　　裏：「$a+c > b+d$ ならば，$a > b$ かつ $c > d$ である．」
　　対偶：「$a > b$ かつ $c > d$ ならば，$a+c > b+d$ である．」
これらの真偽について，
　　逆・裏は偽．反例は，$a=b=c=0, d=-1$ のとき．
　　対偶は真であるから，元の命題も真．

⇦ 逆と裏は対偶の関係にあるので，逆と裏の真偽は一致する．反例も共通なものが使える．$a=b, c$，$a+c > b+d$ から反例を作った．

(2) 逆：「x, y の少なくとも一方が無理数ならば，xy は無理数である．」
　　裏：「xy が有理数ならば，x, y はともに有理数である．」
　　対偶：「x, y がともに有理数ならば，xy は有理数である．」
これらの真偽について，
　　逆・裏は偽．反例は，$x=\sqrt{2}, y=0$ のとき．
　　対偶は真であるから，元の命題も真．

⇦ 実数について，「無理数である」の否定は「有理数である」，「少なくとも一方が無理数である」の否定は「ともに有理数である」．

○7 演習題 (解答は p.83)

実数 x, y に関する2つの条件 p, q を

$$\begin{cases} p : 2x+y-4<0 \text{ または } x+y-3 \leq 0 \\ q : x \leq 1 \text{ かつ } y < 2 \end{cases}$$

とする．条件 p, q の否定 $\bar{p}, \bar{q}$ を x, y を用いて表せ．
次に，命題 A を「$p \Longrightarrow q$」とする．A の逆命題，対偶命題，裏命題を $p, q, \bar{p}, \bar{q}, \Longrightarrow$ を用いて表し，それらの真偽を調べよ． (東京農大)

真偽を調べるところは○6と同様に，領域の包含関係を調べる．

8 「ある」と「すべて」がらみ

(ア) 次の実数 a に関する条件の否定を述べよ.
  (1) 「すべての実数 x に対して,$ax≧0$ である」
  (2) 「少なくとも1組の実数 x, y に対して,$ax-y=3$ かつ $x+2y=6$ である」
(イ) 次の命題が真のときは○を,偽のときは反例を記せ.
  (1) どんな正の数 x, y に対しても常に $ax+by>0$ が成り立てば,$a>0$ かつ $b>0$ である.
  (2) ある正の数 x, y が存在して $ax+by>0$ が成り立てば,$a>0$ または $b>0$ である.

(奈良大)

「ある」の否定 「ある××について……である」と「……であるような××が存在する」は同じ意味である.(ア)の(2)の「少なくとも1組の実数 x, y に対して」は,「ある実数 x, y に対して」と同じ意味である.
「ある××について……である」の否定は,「すべての××について……でない」「……であるような××は存在しない」である.(××や……の部分は変化しない.)

「すべて」の否定 「すべて」と「どんな」は同じ意味である.
「すべての××について……である」の否定は,「ある××について……でない」「……でないような××が存在する」である.

(イ)について (1)は一方が0の場合を考えてみよう.(2)の結論は「または」が入っていて扱いにくいので,前問と同様に否定を活用しよう.結論を否定すると「$a≦0$ かつ $b≦0$」となるから,結論は「$a≦0$ かつ $b≦0$」でない,ということである.すると(2)は真と予想できるだろう.背理法で示そう.

解 答

(ア)(1) 「ある実数 x に対して,$ax<0$ である」
(2) 「すべての実数 x, y に対して,$ax-y≠3$ または $x+2y≠6$ である」
(イ)(1) 偽.反例は,$a=0, b=1$ のとき.このとき,どんな正の数 x, y に対しても,$ax+by=0・x+1・y=y>0$ が成り立つが,「$a>0$ かつ $b>0$」ではない.
(2) ○.(証明) 背理法によって証明する.ある正の数 x_0, y_0 について $ax_0+by_0>0$ が成り立ち,「$a>0$ または $b>0$」でない,つまり「$a≦0$ かつ $b≦0$」だと仮定する.$x_0>0, y_0>0$ により,

$$ax_0≦0,\ by_0≦0 \quad ∴\quad ax_0+by_0≦0$$

となるが,これは $ax_0+by_0>0$ に反する.したがって,(2)が真であることが示された.

⇐「$ax≧0$ でない」は,「$ax<0$ である」と言い換えられる.

○8 演習題（解答は p.83）

(ア) a は実数を表すとする.
  命題「ある実数 x について $ax^2<0$ が成り立つならば,$a<0$ である.」の対偶を記せ.また,この命題の真偽を調べよ. (慈恵医大,改題)

(イ) 次の空欄に,○5の例題の選択肢(a)～(d)からあてはまるものを1つ選べ.
  (1) $a≧0$ であることは,「任意の正の数 x について $a+x≧0$」であるための ____.
  (2) $a≧0$ であることは,「ある正の数 x について $a+x≧0$」であるための ____.

(大東文化大)

(ア)「ある」の否定に注意しよう.
(イ)(1)「 」の条件を,a の符号で場合分けしてとらえてみよう.

集合と論理 演習題の解答

1…B**	2…B***	3…A*
4…B**B***	5…B**	6…B*○
7…A**	8…B*B**	

1 ②〜⑨の条件を，ベン図を使って簡単な形に直し，同値になるものを探す．

解 ①：$\overline{A}=B \iff \overline{(\overline{A})}=\overline{B} \iff A=\overline{B}$
よって，① $\iff$ ⑩

次に，②〜⑨の各条件について，2つの集合の共通部分または和集合で表された辺をベン図の網目部分で表して，網目部と他の辺の包含関係を考える．このとき，太枠部がない（空集合になる）ことが分かることによって，各条件を簡単な形に直していけることになる．

②：$B\subset(A\cap B)$　　③：$(A\cup B)\subset A$

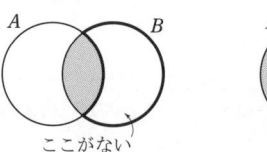

（ここがない）

$\iff B\subset A$　　　$\iff B\subset A$

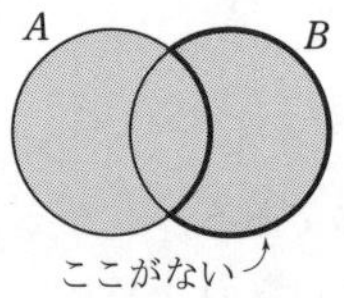

④：③と同様で，$(A\cup B)\subset B \iff A\subset B$

⑤：$A\subset(A\cap \overline{B})$　　⑦：$(A\cup \overline{B})\subset A$

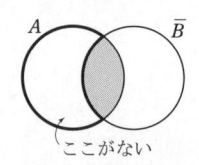

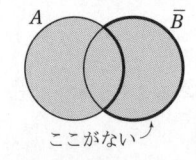

（ここがない）

$\iff A\subset \overline{B}$　　　$\iff \overline{B}\subset A$

⑥：⑤と同様で，$B\subset(\overline{A}\cap B) \iff B\subset \overline{A}$

⑧：$A\subset(\overline{A}\cup B)$　　⑨：$\overline{A}\subset(\overline{A}\cap B)$

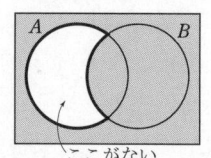

（ここがない）

$\iff A\subset B$　　　$\iff \overline{A}\subset B$

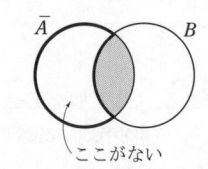

さらに，一般に，「$X\subset Y \iff \overline{X}\supset \overline{Y}$」が成り立つことから，⑥，⑨を$A$に関する条件に直すと

⑥：$B\subset\overline{A} \iff \overline{B}\supset A$ （つまり $A\subset\overline{B}$）
⑨：$\overline{A}\subset B \iff A\supset\overline{B}$ （つまり $\overline{B}\subset A$）
したがって，
　② $\iff$ ③，④ $\iff$ ⑧，⑤ $\iff$ ⑥，⑦ $\iff$ ⑨

一般に，右図1により，
　$Z\subset(X\cap Y)$
　　$\iff Z\subset X$ かつ $Z\subset Y$
が成り立つ．

図1

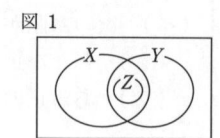

また，右図2により，
　$(X\cup Y)\subset Z$
　　$\iff X\subset Z$ かつ $Y\subset Z$
が成り立つ．

図2

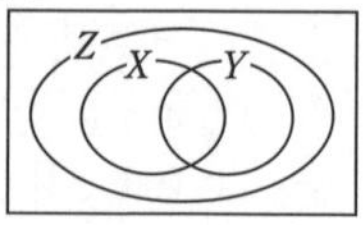

これらに着目して，②〜⑨の各条件を簡単な形に直していくと，以下のようになる．

別解

②：$B\subset(A\cap B) \iff B\subset A$ かつ $B\subset B$
　　　　　　　　　$\iff B\subset A$

③：$(A\cup B)\subset A \iff A\subset A$ かつ $B\subset A$
　　　　　　　　　$\iff B\subset A$

④：$(A\cup B)\subset B \iff A\subset B$ かつ $B\subset B$
　　　　　　　　　$\iff A\subset B$

⑤：$A\subset(A\cap \overline{B}) \iff A\subset A$ かつ $A\subset \overline{B}$
　　　　　　　　　$\iff A\subset \overline{B}$

⑥：$B\subset(\overline{A}\cap B) \iff B\subset \overline{A}$ かつ $B\subset B$
　　　　　　　　　$\iff B\subset \overline{A} \iff \overline{B}\supset A$

⑦：$(A\cup \overline{B})\subset A \iff A\subset A$ かつ $\overline{B}\subset A$
　　　　　　　　　$\iff \overline{B}\subset A \iff B\supset \overline{A}$

次に，Aの要素は$\overline{A}$に属することはないから，

⑧：$A\subset(\overline{A}\cup B) \iff A\subset B$

である．

⑨：$\overline{A}\subset(\overline{A}\cap B) \iff \overline{A}\subset \overline{A}$ かつ $\overline{A}\subset B$
　　　　　　　　　$\iff \overline{A}\subset B$

（以下省略）

2 （1）（2） 数学と物理についてのベン図を描こう．要素の個数についての公式
　$n(A\cup B)=n(A)+n(B)-n(A\cap B)$
が使える．
（3）3科目についてのベン図を書き，未知の人数を文字でおく．（1）（2）などで分かっている人数を用いて，ここでは3文字を設定することにする．

解 数学，物理，英語を学習している人の集合を，それぞれ M，P，E とする．
（1） 英語だけを学習している人が5人であるから，
$n(M\cup P)=50-5=45$
M，P に関するベン図を描くと，右図のようである．
$n(M\cap P)$
$=n(M)+n(P)-n(M\cup P)$
$=35+30-45$
$=\mathbf{20}$

（2） （1）の結果により，右図のようになるから，求める人数は，**15**．

（3） 3科目すべてを学習している人数を x とし，（2）のベン図を使って3科目に関するベン図を描くと，右下図のようにおくことができる．
英語の人数から，
$x+y+z=37$ ……①
また，右図により，
$0\leqq x\leqq 20,\ 0\leqq y\leqq 15,\ 0\leqq z\leqq 10$ ……②
①により，$x=37-(y+z)$
②により，$0\leqq y+z\leqq 25$ であり，これと上式から，
$12\leqq x\leqq 37$
$0\leqq x\leqq 20$ とから，$12\leqq x\leqq 20$
よって，**最少で12人，最多で20人**である．

3 q の条件式は因数分解できる．数直線上の区間の包含関係を考える．

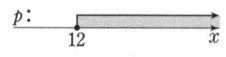

解 $p:2x-7\geqq x+5$
$\iff x\geqq 12$
次に，$x^2-(2a-1)x+a^2-a-6\leqq 0$ のとき，
$x^2-(2a-1)x+(a-3)(a+2)\leqq 0$
$\therefore \{x-(a-3)\}\{x-(a+2)\}\leqq 0$
よって，
$q \iff a-3\leqq x\leqq a+2$
また，$r:14\leqq x\leqq 15$
を図示すると右図である．
p，q，r の真理集合を P，Q，R とする．
q が p であるための十分条件は，$Q\subset P$ であるから，
$a-3\geqq 12$ $\therefore a\geqq 15$ ……①
q が r であるための必要条件は，$Q\supset R$ であるから，
$a-3\leqq 14$ かつ $a+2\geqq 15$ $\therefore 13\leqq a\leqq 17$ ……②

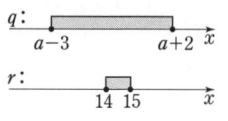

①かつ②は，$15\leqq a\leqq 17$
よって，求める和は，$15+16+17=\mathbf{48}$

4 （ア）（3） 素因数分解したときの素因数2の個数に着目しよう．
（イ）（2） $\sqrt{n^2+3}$ は n に近いから，（1）により，$n<\sqrt{n^2+3}<n+1$ を示すことを目標にする．

解 （ア）（1） 真．（証明） 背理法で示す．
（「x^2 と x^3 の少なくとも一方は無理数」を否定すると，「x^2 と x^3 がともに有理数」である．そこで，）
x が無理数であって，x^2 と x^3 がともに有理数であると仮定する．
x は無理数であるから $x\neq 0$ である．x^2 と x^3 はともに有理数であるから，$\dfrac{x^3}{x^2}=x$ も有理数であるが，これは x が無理数であることに反する．よって，示された．

（2） 偽．（反例） $\mathbf{x=1,\ y=\sqrt{2}}$

（3） 真．（証明） 自然数 n を素因数分解するとき，$n=2^a 3^b \cdots$ の形で表せる．このとき，$n^2=2^{2a}3^{2b}\cdots$ となる．n^2 が $8(=2^3)$ の倍数のとき，
$2a\geqq 3$ $\therefore a\geqq 2$
よって，n は $2^2=4$ の倍数である．

（4） 真．（証明） 背理法で示す．
$a^2>bc$ かつ $ac>b^2$ であって，$a=b$ であると仮定する．
$a=b$ により，$a^2>ac$ かつ $ac>a^2$ となるが，これは不成立である．よって，示された．

（イ）（1） 背理法で示す．
$\sqrt{m}$ が整数でなくて，$\sqrt{m}$ が無理数でない，と仮定する．つまり $\sqrt{m}$ が整数でない有理数であると仮定する．
このとき，a，b（$a\geqq 1$，$b\geqq 1$）を互いに素な整数として，$\sqrt{m}=\dfrac{b}{a}$ と表せる．両辺を2乗して，
$m=\dfrac{b^2}{a^2}$ よって，$\dfrac{b^2}{a^2}$ は整数
a，b は互いに素であるから，$\dfrac{b^2}{a^2}$ が整数になるのは $a=1$ の場合に限られる（a が素因数 d を持つとき，分子は素因数 d を持たないので，分母に d が残り約分できず，整数にはならない）．
このとき，$\sqrt{m}=b$ となるが，これは $\sqrt{m}$ が整数でないことに反する．よって，示された．

（2） ［$\sqrt{n^2+3}$ が連続する整数 n と $n+1$ の間にあることから，整数でないことを示す］
（1）により，$\sqrt{n^2+3}$ が整数でなければ無理数である．

$n \geqq 2$ で $\sqrt{n^2+3}$ が整数でないことを示せばよい．
$\sqrt{n^2+3} > n$ である．次に，$n \geqq 2$ のとき，
$(n+1)^2 - (n^2+3) = 2(n-1) > 0$
∴ $(n+1)^2 > n^2+3$　∴ $n+1 > \sqrt{n^2+3}$
以上により，$n < \sqrt{n^2+3} < n+1$ となるから，$n \geqq 2$ で $\sqrt{n^2+3}$ が整数でないことが示された．

別解　[背理法で示すと]
$\sqrt{n^2+3}$ が整数であるとして，その整数を $d(>n)$ とおくと，$n^2+3 = d^2$　∴ $d^2 - n^2 = 3$
∴ $(d+n)(d-n) = 3$
∴ $d+n = 3, \ d-n = 1$
∴ $d = 2, \ n = 1$
これは $n \geqq 2$ に反する．よって，$n \geqq 2$ において $\sqrt{n^2+3}$ は整数でない．

5　(1) 実際に書き出し答えの見当をつけてみる．3の倍数であり，4の倍数でない整数……① は，
　……，3, 6, 9, 15, 18, 21, 27, ……
12の倍数でない整数……② は，
　……，1, 2, 3, 4, 5, 6, 7, 8, 9, 10, 11, 13, ……
①$\Longrightarrow$②であるが，$\Longleftarrow$は不成立である．よって，②は①であるための必要条件であるが十分条件ではないと見当がつく．
(2) Bについて．z を消去したあと，平方完成しよう．
(3) $\Longrightarrow$ の反例はすぐ見つかるだろう．$\Longleftarrow$ は正しそうなので，背理法で示すところ．

解　(1) 3の倍数であり4の倍数でない整数……① ならば，12の倍数でない整数……② である（12の倍数は，3の倍数かつ4の倍数であるから）．よって，①$\Longrightarrow$②である．一方，$\Longleftarrow$は不成立（反例は $n=2$）．よって，②は①の必要だが十分でない条件．(a)

(2) x, y, z は実数である．
$A : x^2 + y^2 + z^2 = 0 \Longleftrightarrow x, y, z$ がすべて0
Bについて．$x+y+z=0, \ xy+yz+zx=0$ から $z(=-x-y)$ を消去すると，$xy - (x+y)^2 = 0$
∴ $x^2 + xy + y^2 = 0$
∴ $\left(x + \dfrac{y}{2}\right)^2 + \dfrac{3}{4}y^2 = 0$
∴ $x + \dfrac{y}{2} = 0$ かつ $y = 0$　∴ $x = 0$ かつ $y = 0$
したがって，$B \Longleftrightarrow x, y, z$ がすべて0
よって，$A \Longleftrightarrow B$ であるから，(イ)の答えは(c)．
さて，$C : x+y+z=0$ かつ $xyz=0$

$A \Longrightarrow C$ であるが，$\Longleftarrow$ は不成立である（反例は，$x=1, y=-1, z=0$）．
(ウ)の答えは，十分であるが必要でない．(b)

(3) $a+b$ と $a-b$ のうち少なくとも一方が無理数である……③　ならば，a と b がともに無理数である…④ は不成立（③$\Longrightarrow$④は不成立）である（反例は，$a = \sqrt{2}, \ b = 1$）．

一方，③$\Longleftarrow$④は成り立つ．背理法で示す．少なくとも一方が無理数の否定はともに有理数である（○7参照）ことに注意する．

a と b がともに無理数であって，$a+b$ と $a-b$ がともに有理数であるとする．

$a+b = p, \ a-b = q$（p, q は有理数）とおくと，
$a = \dfrac{p+q}{2}, \ b = \dfrac{p-q}{2}$ はともに有理数になるが，これは a と b が無理数であることに反する．よって，④ならば③が成り立つ．

したがって，答えは，必要であるが十分でない．(a)

6　領域の包含関係を調べる．$|x|+|y| \geqq 1$ などの領域をすぐ描けるようにしておこう．

解　(1) ab 平面上で，不等式 $a^2+b^2 < 2$ が表す領域を A，不等式 $|a|+|b|<3$ が表す領域を B とする．

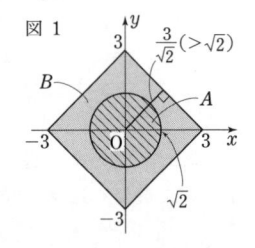

A, B が，それぞれ図1の斜線部，網目部（ともに境界を含まない）であり，
$A \subset B, \ A \not\supset B$ である．よって，答えは，十分であるが必要ではない．(b)

図1

(2) xy 平面上で，
$p : x^2 + y^2 \geqq 1, \ q : |x|+|y| \geqq 1, \ r : |x+y| \geqq 1$
が表す領域 P, Q, R は，それぞれ図2～4の網目部（境界を含む）である．

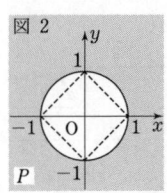

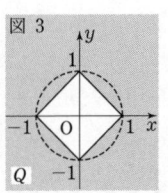

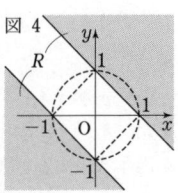

図2　図3　図4

$P \subset Q, \ P \not\supset Q, \ Q \supset R, \ Q \not\subset R$ であるから，
p は q の十分条件であるが必要条件ではない．(b)
q は r の必要条件であるが十分条件ではない．(a)

7　元と逆の真偽を調べればOKである．p, q の表

す領域の包含関係から判定すればよい．

解 $\begin{cases} p: 2x+y-4<0 \text{ または } x+y-3\leqq 0 \\ q: x\leqq 1 \text{ かつ } y<2 \end{cases}$

のとき，

$\overline{p}: \mathbf{2x+y-4\geqq 0}$ かつ $\mathbf{x+y-3>0}$
$\overline{q}: \mathbf{x>1}$ または $\mathbf{y\geqq 2}$

である．

xy 平面上で，$p,\ q$ が表す領域 $P,\ Q$ は，それぞれ図1，図2の網目部である（境界は破線と白丸を除き，実線と黒丸を含む）．

図1　$y<-2x+4$ または
　　　$y\leqq -x+3$

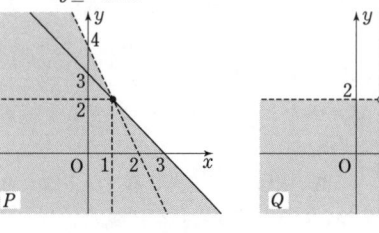

図2　$x\leqq 1$ かつ $y<2$

$P \supset Q,\ P \not\subset Q$ であるから，

　A「$p \Longrightarrow q$」は偽
　A の逆命題「$q \Longrightarrow p$」は真

である．元の命題と対偶は真偽が一致し，裏は逆の対偶であるから，裏と逆の真偽も一致する．よって，

　A の対偶命題「$\overline{q} \Longrightarrow \overline{p}$」は偽
　A の裏命題「$\overline{p} \Longrightarrow \overline{q}$」は真

である．

⑧（ア）「ある」の否定に注意する．元の命題の真偽より対偶の真偽の方が分かりやすいので，これを利用しよう（元の命題の真偽と対偶の真偽は一致する）．
（イ）（1）（2）とも，$a\geqq 0$ ならば「　　」は成り立つ．「　　」ならば $a\geqq 0$ が導けるかどうかが問題である．

解（ア）「ある実数 x について $ax^2<0$ が成り立つならば，$a<0$ である．」の対偶は，

「$\mathbf{a\geqq 0}$ ならば，すべての実数 x について $\mathbf{ax^2\geqq 0}$ が成り立つ．」

である．x が実数のときはつねに $x^2\geqq 0$ であるから，$a\geqq 0$ のとき $ax^2\geqq 0$ である．よってこの対偶は真．

したがって，元の命題も真である．

（イ）（1）
　　「任意の正の数 x について $a+x\geqq 0$」……①
となるための a の条件を求める．a の符号で場合分けする．

・$a<0$ のとき，小さな正の数 x に対して $a+x<0$ になり不適（例えば，$x=-\dfrac{a}{2}$ のとき，$a+x=\dfrac{a}{2}<0$）．

・$a\geqq 0$ のとき，$x>0$ ならば $a+x>0$ となり適する．
以上により，① $\iff a\geqq 0$
したがって，答えは，必要十分条件．(c)

（2）　「ある正の数 x について $a+x\geqq 0$」……②
まず，$a\geqq 0 \iff$ ①であり，① $\Longrightarrow$ ② である．
よって，$a\geqq 0 \Longrightarrow$ ②

一方，②だからといって，a の符号については分からない（$a<0$ に対して，$x=-2a$ とすれば $a+x=-a>0$）．
よって，$a\geqq 0 \Longrightarrow$ ② であるが，$\Longleftarrow$ は不成立．
したがって，答えは，十分だが必要ではない．(b)

コラム
推理できるとは

重さに関するパズルを2題紹介します．
2番目の問題は有名なので知っている諸君が多いでしょう．どちらも数学的にアプローチできます．

1️⃣ 10個のびんがあり，8個のびんには1粒10gの丸いアメが100個ずつ入っていて，残り2個のびんには1粒11gの丸いアメが100個ずつ入っている．

11gの2つのびんを，バネ秤を1回だけ使って見つける方法を考えてください．

2️⃣ 12個の球があり，そのうちの1つだけが他と重さが異なり，重いか軽いかはわかっていない．

両皿天秤を3回使って（球しかのせない），どの球が特別であり，しかも重いか軽いかも判別する方法を考えてください．

まずは **ヒント**．

1️⃣ 9個のびんが10gで，1個のびんだけが11gと，問題を変えてみましょう．

10個のびんに，第1，第2，…と名前をつけると，
  第kのびんからk個（$k=1, 2, \cdots, 10$）を
  取り出した合計55粒の重さを測る
という方法で確実に見つけることができます．

測った重さが$55\times10+M$（g）ならば，第Mのびんが11gです．この方法は，原題には通用しません．たとえば，$M=5$だと，第1と第4，第2と第3のどちらであるか判別がつかないからです．

2️⃣ 3個の球（うち1球は特別）の場合，1回の測定では確実に見つける方法がないことを証明してみましょう．

3個をA，B，Cとすると，
  Aが特別で重い……① Aが特別で軽い……②
  Bが特別で重い……③ Bが特別で軽い……④
  Cが特別で重い……⑤ Cが特別で軽い……⑥
この6通りの可能性に対して，1回の測定結果は
  左が重い，右が重い，左右同じ
の3通りしかないので，どれかの測定結果には①～⑥のうちの2通り以上が対応し，測定結果がそうなったときに，判別がつかなくなってしまう．

では **解答** です．

1️⃣ 1, 2, 3, 5, 8, 13, 21, 34, 55, 89, …
という数の列は'フィボナッチの数列'とよばれています．3番目以降は直前2つの和という規則にしたがって作られた数の列です．このk番目の数をa_kとして，
  第kのびんからa_k個（$k=1, 2, \cdots, 10$）を
  取り出した合計231個を測る
という方法でうまくいきます．測定結果を
$$10\times231+M\ (g)$$
とすると，Mは11gの2びんのアメの総数で，フィボナッチの数列のどれか2数の和となっているはずです．そして，${}_{10}C_2=45$通りの2数の和がすべて異なることは明らかでしょう．したがって，Mを知ることによって，特別な2びんの組合せがわかるわけです．

たとえば，$M=18$だと，$18=5+13$で，第4と第6のびんが特別だとわかる．

ようするに'2数の和がすべて異なる'ならばよいわけで，100個ずつという制限がないならば，
  $1, 2, 2^2, 2^3, 2^4, \cdots, 2^9(=512)$
でもうまくいきます．

2️⃣ 2回の測定結果は$3^2=9$通りなので，1回目の測定後に10通り以上の可能性（全可能性は$2\times12=24$通り）が残されたなら，その測定の仕方は失敗です．

たとえば，1回目に3個と3個を比較することは，釣り合った場合，残り6個に特別なものがあり，その可能性は12通りなので失敗です．また，1回目に5個と5個を比較することは，左が重かった場合，それらの10個のうちに特別なものがあり，10通りの可能性が残されるので，やはり失敗です．

けっきょく，1回目は4個と4個を比較するしかありません．そして釣り合った場合，残り4球（A, B, C, Dとする）の中に特別なものがあるはずで，2回目はこの4球のうちの3球をのせるしかありません（2球以上残すのはダメで，4球ともものせるのもダメ）．そこで，

  2回目はABとC◎，
  3回目は2回目が釣り合えばDと◎，
    そうでなければACと◎◎
  (◎はA～D以外の特別でない球)

を比較するという方法について調べてみるとうまくいくことがわかります．

また，1回目の4個と4個（A～DとE～Hとする）が釣り合わなかった場合は，

  2回目はABEとCF◎，3回目はAG◎とBEH
を比較すれば，うまくいきます．

図形と計量

本章の前文の解説などを教科書的に詳しくまとめた本として，「教科書Next 三角比と図形の集中講義」（小社刊）があります．是非とも御活用ください．

■ 要点の整理　　　　　　　　　　　　　　　　　86

■ 例題と演習題
　1　三角比の値　　　　　　　　　　　　　　　90
　2　正弦定理　　　　　　　　　　　　　　　　91
　3　余弦定理　　　　　　　　　　　　　　　　92
　4　内接円，外接円の半径　　　　　　　　　　93
　5　三角形の形状決定　　　　　　　　　　　　94
　6　円に内接する四角形　　　　　　　　　　　95
　7　内接球の半径　　　　　　　　　　　　　　96
　8　三辺の長さが等しい四面体　　　　　　　　97
　9　外接球の半径　　　　　　　　　　　　　　98
　10　対称面に着目する　　　　　　　　　　　　99

■ 演習題の解答　　　　　　　　　　　　　　　100

■ ミニ講座・4　ひし形を折り曲げてできる四面体　　105

図形と計量
要点の整理

1. 三角比から三角関数へ

右図のような直角三角形 ABC で，$\dfrac{a}{c}$, $\dfrac{b}{c}$, $\dfrac{a}{b}$ の値は ∠A の大きさ A だけによって定まる．

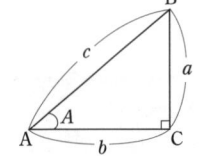

$$\sin A = \dfrac{a}{c},\ \cos A = \dfrac{b}{c},\ \tan A = \dfrac{a}{b}\ と定める．$$

これらをまとめて三角比という．

上の定義では，A が取り得る範囲は $0° < A < 90°$ であるが，この範囲を鈍角，さらに一般の角まで拡張することができる．

一般の角 θ に対して，$\sin\theta$, $\cos\theta$, $\tan\theta$ を定義してみよう．

右図のように，原点を O とし，座標平面上の単位円（半径 1）上に点 P を取って，矢印 OP が x 軸の正の方向から反時計回りに θ 回転した方向を示すようにする．

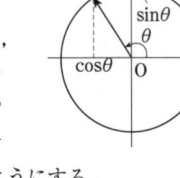

このときの P の
  x 座標の値を $\cos\theta$，y 座標の値を $\sin\theta$，
  OP の傾きを $\tan\theta$
と定義する．

三角比が ∠A の大きさ A だけによって定まったように，$\cos\theta$, $\sin\theta$, $\tan\theta$ の値は θ に対して 1 つに決定する．$\cos\theta$, $\sin\theta$, $\tan\theta$ は θ の関数になっているので，これらを三角関数と呼ぶ．

右のような直角三角形の構図では，$\beta = \angle$B, $\gamma = \angle$C が成り立っているので，三角比により線分の長さが順次求まる．

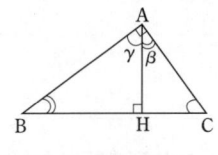

たとえば，半径 2 の球 S に，中心から 3 だけ離れた点 A からすべての接線を引く．このとき，すべての接点はある円上にある．この円の半径 r と，この円の中心と球の中心の距離 h を求めてみよう．図の θ について，$\cos\theta$ を 2 通りに表すと，

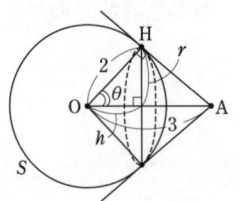

$$\dfrac{2}{3} = \dfrac{h}{2}\quad \therefore\ h = \dfrac{4}{3},\ r = \sqrt{2^2 - \left(\dfrac{4}{3}\right)^2} = \dfrac{2\sqrt{5}}{3}$$

2. 三角比の値

ある角度を定めたとき，それに対する三角比の値は数表に整理されている．数表では，0° から 90° までしか扱っていないことが多いが，次の公式を使って，一般の角度の場合も，0°〜90° の場合に帰着できるからである．

$$\sin(180° - \theta) = \sin\theta,\ \cos(180° - \theta) = -\cos\theta$$
$$\sin(\theta + 90°) = \cos\theta,\ \cos(\theta + 90°) = -\sin\theta$$
$$\sin(\theta - 90°) = -\cos\theta,\ \cos(\theta - 90°) = \sin\theta$$
$$\tan(180° - \theta) = -\tan\theta$$
$$\tan(\theta + 90°) = -\dfrac{1}{\tan\theta},\ \tan(\theta - 90°) = -\dfrac{1}{\tan\theta}$$

これらの式は，単位円を考えることで導けるようにしておこう（図 1〜図 3）．

図 1　図 2　図 3　図 4

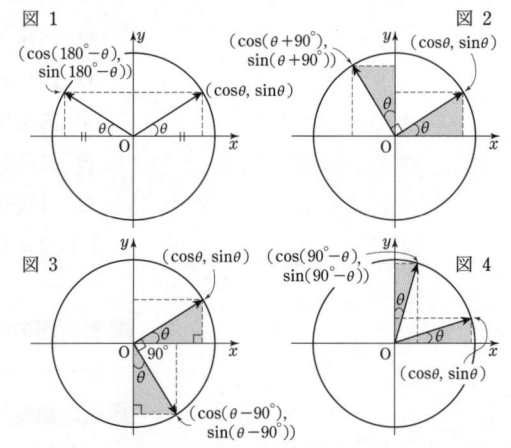

さらに，次の公式があるので，cos, sin の具体的な値については，0° から 45° までの値が分かれば，すべて知ることができる．

$$\sin(90° - \theta) = \cos\theta,\ \cos(90° - \theta) = \sin\theta\ （図 4 参照）$$

特に 30°, 45°, 60° の三角比の値は必須で,

	30°	45°	60°
sin	$\dfrac{1}{2}$	$\dfrac{\sqrt{2}}{2}$	$\dfrac{\sqrt{3}}{2}$
cos	$\dfrac{\sqrt{3}}{2}$	$\dfrac{\sqrt{2}}{2}$	$\dfrac{1}{2}$
tan	$\dfrac{1}{\sqrt{3}}$	1	$\sqrt{3}$

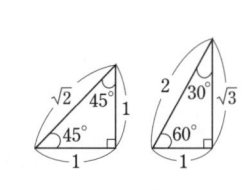

3. 三角比の間の関係

θ の値が与えられると sin, cos, tan の値が定まるが, 逆に sin, cos, tan の値のうちどれか一つの値が与えられたとき, 他の2つの値を求めてみよう.

このとき使うのが, 次の公式である.

$$\cos^2\theta + \sin^2\theta = 1 \quad \cdots\cdots\cdots ①$$

$$\tan\theta = \dfrac{\sin\theta}{\cos\theta} \quad \cdots\cdots\cdots ②$$

$\sin\theta$ の値が与えられると, ①, ② の順に式を用いて, $\cos\theta$, $\tan\theta$ の絶対値まで分かる. $\cos\theta$ についても同様である. 特に $0°<\theta<180°$ のとき, $\sin\theta>0$ なので, $\sin\theta$ はただ一つに決まる.

$\tan\theta$ の値が与えられたときは, ①, ② を $\sin\theta$, $\cos\theta$ の連立方程式と見たてることができる. $\sin\theta$, $\cos\theta$ のうち一方を消去して方程式を解けばよい. また, 定義に戻って, 右のような図形を補助として用いて, $\sin\theta$, $\cos\theta$ の値を求めてもよいだろう. (☞ p.90).

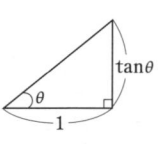

4. 三角形の決定条件と正弦定理, 余弦定理

三角形の決定条件は3通りあって,

① 1辺とその両端の角（2角夾辺）
② 3辺
③ 2辺とその間の角（2辺夾角）

であった. 三角形が決定するということは, ①から③のどれかのタイプで三角形についての条件が与えられれば, 三角形はただ一つに決まり, 与えられた以外の辺や角が定まるということである. では, これらを求めるにはどうしたらよいか. これに答えるのが, 正弦定理, 余弦定理である.

$\triangle ABC$ で, $BC=a$, $CA=b$, $AB=c$ とおく.

① **1辺 (a) とその両端の角 (B, C) が与えられた場合**
$A=180°-B-C$ より A を求めてから,
正弦定理
$$\dfrac{a}{\sin A} = \dfrac{b}{\sin B} = \dfrac{c}{\sin C}$$
を用いて, b, c を求める.

② **3辺 (a, b, c) が与えられた場合**
余弦定理
$$\cos A = \dfrac{b^2+c^2-a^2}{2bc}$$
$$\cos B = \dfrac{c^2+a^2-b^2}{2ca}$$
$$\cos C = \dfrac{a^2+b^2-c^2}{2ab}$$
を用いて, A, B, C を求める.

③ **2辺 (a, b) とその間の角 (C) が与えられた場合**
余弦定理
$$c^2 = a^2+b^2-2ab\cos C$$
を用いて, c を求める.

このあとは, ② の手順を踏んで, A, B を求めることができる.

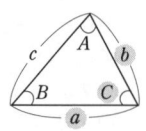

実際の問題では,

④ 2辺とその間でない1つの角

が与えられて, 三角形を決定せよ, ということもままある. 三角形の決定条件ではないから, 一つには決まらないが, 2通りまでは絞れる.

④ **2辺 (a, b) とその間でない角 (A) が与えられた場合**
余弦定理
$$a^2 = b^2+c^2-2bc\cos A$$
を未知数 c についての方程式と見たてて解く. これは c

についての2次方程式なので，a, b, A の値によって，解がなかったり，解が2つあったりする．

2辺とその間でない角が与えられたもとで，三角形を作図することを考えると，右図のように点Bの位置が2通りあることがある．これは，上の2次方程式で解が2つあることに対応している．

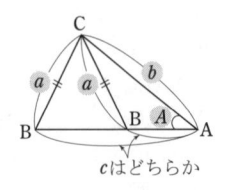

5. 正弦定理，余弦定理の使い方

正弦定理は，三角形の外接円の半径 R を求めるときにも用いる．

$$2R = \frac{a}{\sin A}$$

またこの式は，右上図で R が与えられたとき，a, A のどちらか一方を決めればもう一方が求まることを示している．正弦定理は，円周角の定理で角の大きさと弦の長さの関係を与えたものだといえる．正弦定理は，円周角の定理を精密にしたものなのである．

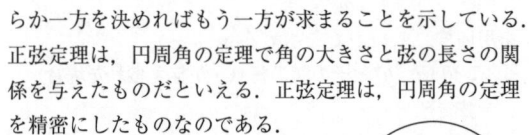

上の式で $2R$ を R とする間違いが多い．公式を使うときに右図を思い浮かべることができれば，半径と直径を間違わないだろう．

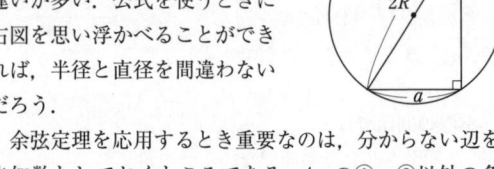

余弦定理を応用するとき重要なのは，分からない辺を未知数としておくところである．4.の①～③以外の条件でも方程式を立てて辺の長さを求めることができるときがある．（☞p.92）

6. 鋭角，直角，鈍角の条件

△ABCについての余弦定理より，

$$\cos A = \frac{b^2+c^2-a^2}{2bc}$$

であるから，$\cos A$ の値の符号と $b^2+c^2-a^2$ の符号は一致する．よって，

$b^2+c^2-a^2 > 0 \iff A < 90°$
$b^2+c^2-a^2 = 0 \iff A = 90°$
$b^2+c^2-a^2 < 0 \iff A > 90°$

7. 三角形の辺と角との大小関係

三角形において，角の大小とそれに対応する辺の大小は一致する．特に，三角形の最大の辺の向かいの角が三角形の最大の角になっている．

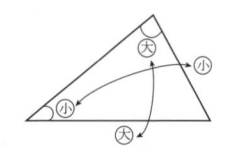

8. 三角形・四角形の面積

三角形の面積や四角形の面積の公式を紹介しよう．

① 2辺 a, b とその間の角 C が与えられたとき，面積 S は，

$$S = \frac{1}{2}ab\sin C$$

（∵ a を底辺として見たときに，$b\sin C$ が高さとなる）

② a, b, c と三角形に内接する円の半径 r が与えられているとき，

$$S = \frac{1}{2}r(a+b+c)$$

（$S = \triangle$IBC $+ \triangle$ICA $+ \triangle$IAB として計算する）

③ 右図のように，2本の対角線の長さが l, m で，交わる角度が θ である四角形の面積 S は，

$$S = \frac{1}{2}lm\sin\theta$$

理由 △ABD，△CBDについて，l を底辺と捉えたときの高

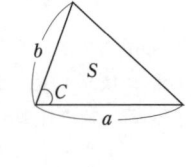

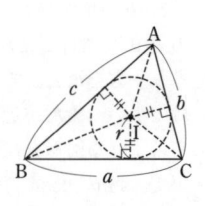

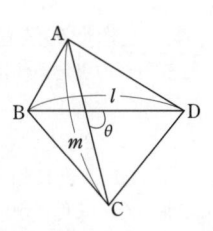

さを a, b としたとき，
$a+b=m\sin\theta$ となっている．
$S = \triangle ABD + \triangle CBD$
$= \dfrac{1}{2}la + \dfrac{1}{2}lb$
$= \dfrac{1}{2}l(a+b) = \dfrac{1}{2}lm\sin\theta$

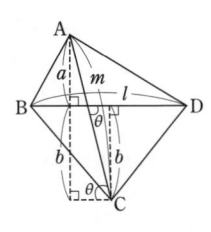

9. 正四面体の計量

　一辺の長さが a の正四面体の高さ，体積，4つの面すべてに接する球（内接球）の半径，4頂点すべてを通る球（外接球）の半径を導けるようにしておきたい．このとき，フルに正四面体の対称性を使おう．

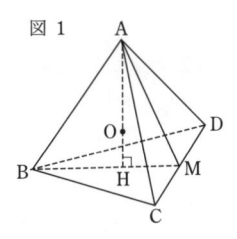

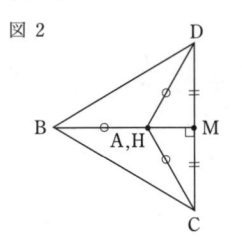

　図1で，四面体 ABCD は正四面体で，M は CD の中点，H は A から底面に下ろした垂線の足とする．

　このとき，H は底面 BCD の重心になる．これは，B，C，D が対等であるからだ．また，$\triangle ABM \perp CD$，$AB \perp CD$ であることに注意しよう．これは，真上から見た図2から当然のことだろう．

　高さを求めるには，A，B，M，H を通る平面で切った断面図を考えるとよい（図3）．三平方の定理などを使って，BM，BH，AH の順に長さを求めていく．

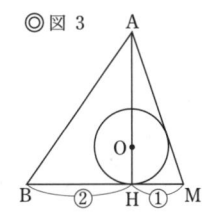

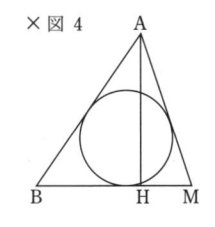

$BM = BC\sin 60° = \dfrac{\sqrt{3}}{2}a$

$BH = \dfrac{2}{3}BM = \dfrac{\sqrt{3}}{3}a$

$AH = \sqrt{AB^2 - BH^2} = \sqrt{a^2 - \left(\dfrac{\sqrt{3}}{3}a\right)^2} = \dfrac{\sqrt{6}}{3}a$

　ここで，内接球を切断してできる円は，MA, MB に接するが AB に接することはないことに注意しておこう（図4は間違った図）．

　さらに図3で AO : OH = 3 : 1 である

　（MO が $\angle$M の二等分線であることから，

　　AO : OH = MA : MH = MB : MH = 3 : 1

　角の二等分線については，1対1対応の演習／数A，p.92 参照）

ことを使って，

　内接球の半径は，$OH = \dfrac{\sqrt{6}}{12}a$

　外接球の半径は，$OA = \dfrac{\sqrt{6}}{4}a$

　正四面体の体積は，$\dfrac{1}{3} \times \dfrac{\sqrt{3}}{4}a^2 \times \dfrac{\sqrt{6}}{3}a = \dfrac{\sqrt{2}}{12}a^3$

　なお，「埋めこみ」による解法もある（☞数A, p.114）．

1 三角比の値

(ア) $0° \leq \theta \leq 180°$ とする．$4\cos\theta - \sin\theta = 1$ が成り立っているとき，$\tan\theta$ の値を求めよ．
(兵庫医療大)

(イ) $0° \leq \theta \leq 180°$ とする．$\tan\theta = \dfrac{3}{4}$ を満たすとき，$\dfrac{1 - 2\sin\theta\cos\theta}{1 - 2\sin^2\theta} = \boxed{}$ である．
(近大・薬，工)

$\cos^2\theta + \sin^2\theta = 1$ の利用　$\cos\theta$ と $\sin\theta$ の間には，$\cos^2\theta + \sin^2\theta = 1$ という関係式が成り立っている．$\sin\theta$ と $\cos\theta$ の入った式は，この等式を使うことで，$\sin\theta$ か $\cos\theta$ のどちらかにそろえると扱いやすくなる．(1)は，与式と $\cos^2\theta + \sin^2\theta = 1$ をペアにすることで，未知数 $\cos\theta$，$\sin\theta$ についての連立方程式として見ることができる．$\cos^2\theta + \sin^2\theta = 1$ が2次式のため，$\cos\theta$，$\sin\theta$ の値が2つ出てくるので，θ の値による吟味を忘れないようにする．

$\tan\theta$ から $\cos\theta$, $\sin\theta$ を求める　$\tan\theta$ の値から，$\cos\theta$，$\sin\theta$ を求めるには，「直角三角形」を利用するのがわかりやすい．

▒解 答▒

(ア) $\begin{cases} \cos^2\theta + \sin^2\theta = 1 \cdots\cdots① \\ 4\cos\theta - \sin\theta = 1 \cdots\cdots② \end{cases}$ という連立方程式を解く．　　⇐ $\cos\theta$ と $\sin\theta$ の関係式
　　⇐ 与式

②より，$\sin\theta = 4\cos\theta - 1 \cdots\cdots③$　これを①に代入して
$\cos^2\theta + (4\cos\theta - 1)^2 = 1$　∴　$17\cos^2\theta - 8\cos\theta = 0$
∴　$(17\cos\theta - 8)\cos\theta = 0$　∴　$\cos\theta = \dfrac{8}{17}, 0$

③より，$\cos\theta = \dfrac{8}{17}$ のとき，$\sin\theta = \dfrac{15}{17}$　よって，$\tan\theta = \dfrac{\sin\theta}{\cos\theta} = \dfrac{\mathbf{15}}{\mathbf{8}}$　　⇐ ①ではなく③を使う．
　　$\cos\theta = 0$ のとき，$\sin\theta = -1$　これに対応する $\tan$ はなし　　⇐ $\theta = 270°$ で不適

(イ) $0° \leq \theta \leq 180°$ と $\tan\theta > 0$ より，θ は鋭角である．

$\tan\theta = \dfrac{3}{4}$ を満たす鋭角 θ について，直角三角形を描くと，右図のようになる．斜辺は右図より 5．

$\sin\theta = \dfrac{3}{5}$，$\cos\theta = \dfrac{4}{5}$，これを与式に代入して，

$\dfrac{1 - 2 \cdot \frac{3}{5} \cdot \frac{4}{5}}{1 - 2\left(\frac{3}{5}\right)^2} = \dfrac{\frac{1}{25}}{\frac{7}{25}} = \dfrac{\mathbf{1}}{\mathbf{7}}$

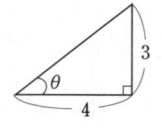

◯1 演習題 (解答は p.100)

(ア) $0° < \theta < 45°$ とする．$\sin\theta + \cos\theta = \dfrac{4}{3}$ のとき，$\sin\theta - \cos\theta$ の値はいくらか．
(大阪医大・看)

(イ) $30° \leq \theta < 90°$ のとき，等式
$(1 + \sqrt{3})\sin\theta\tan\theta = 2\sqrt{3}\sin\theta + (1 - \sqrt{3})\cos\theta$
を満たす θ の値を求めよ．
(宮崎大)

(ア) $\sin\theta$, $\cos\theta$ を別々に求めなくてよい．
(イ) $\tan\theta$ の方程式にする．

● 2 正弦定理

川の対岸の 2 地点 C, D に 2 本の高い木が立っている．川のこちら側の 50 m 離れた 2 地点 A, B と 2 本の木の角度を測量したところ，図のようになった．C, D 間の距離を求めよ．ただし，4 地点 A, B, C, D の標高は等しいとする．

（中部大・経営情報）

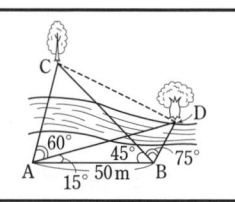

2 角が与えられたら正弦定理 三角形で 2 角が与えられると，正弦定理を使って，対辺の比が求まる．三角形の外接円の半径を R として，$a=2R\sin A$, $b=2R\sin B$ なので，$a:b=\sin A:\sin B$ となる．

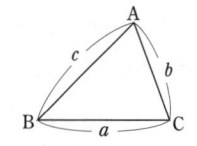

三角形の内角の和は $180°$ なので，2 角が与えられたとき，残りの角も決まって，実は 3 辺の比を求めることができる．

1 辺の長さと 2 角が与えられると，三角形のすべての辺の長さを，正弦定理によって定めることができる．$\dfrac{a}{\sin A}=\dfrac{b}{\sin B}=\dfrac{c}{\sin C}(=2R)$ を使えばよい．

$a=2R\sin A$ の 2 を忘れずに 正弦定理で係数の 2 を落としてしまう人が多い．そこで，たとえば，右図の直角三角形から $a=2R\sin A$ が導けることを思い出すとよい．

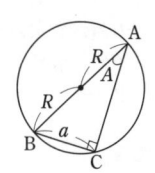

解答

$\angle \text{ACB}=60°$, $\angle \text{ADB}=45°$ である．
$\text{AB}=l$, $\text{AC}=a$, $\text{AD}=b$, $\text{CD}=c$ とおく．
[a, b, c を l で表すのが目標]

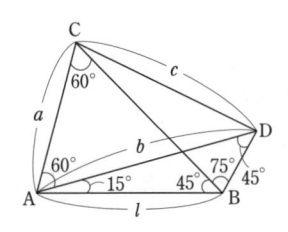

$\triangle \text{ABC}$ で正弦定理を使って，

$$\dfrac{l}{\sin 60°}=\dfrac{a}{\sin 45°}$$

$\therefore\ a=\dfrac{\sin 45°}{\sin 60°}l=\dfrac{\sqrt{2}}{\sqrt{3}}l\ \cdots\cdots①$

$\triangle \text{ABD}$ で正弦定理を使って

$$\dfrac{l}{\sin 45°}=\dfrac{b}{\sin 120°} \quad \therefore\ b=\dfrac{\sin 120°}{\sin 45°}l=\dfrac{\sqrt{3}}{\sqrt{2}}l\ \cdots\cdots②$$

$\triangle \text{ACD}$ で余弦定理を使って，$c^2=a^2+b^2-2ab\cos 60°$
①，②を代入して，

$$c^2=\left(\dfrac{\sqrt{2}}{\sqrt{3}}l\right)^2+\left(\dfrac{\sqrt{3}}{\sqrt{2}}l\right)^2-2\left(\dfrac{\sqrt{2}}{\sqrt{3}}l\right)\left(\dfrac{\sqrt{3}}{\sqrt{2}}l\right)\cdot\dfrac{1}{2}$$

$$=\left(\dfrac{2}{3}+\dfrac{3}{2}-1\right)l^2=\dfrac{7}{6}l^2$$

$l=50$ なので，$c=\dfrac{\sqrt{7}}{\sqrt{6}}l=\dfrac{\sqrt{42}}{6}\times 50=\dfrac{\mathbf{25}}{\mathbf{3}}\sqrt{\mathbf{42}}$ **(m)**

⇐ $\triangle \text{ABC}$, $\triangle \text{ABD}$ では 2 つの角が与えられているので，形状は決定する．よって，どこか 1 辺の長さが与えられれば，他のすべての長さが決まる．

$15°$, $75°$ の sin の値を求められれば BD, BC を経由して c を求めてもよい．

○2 演習題 （解答は p.100）

$\triangle \text{ABC}$ において $\text{BC}=1$, $\angle \text{B}=60°$, $\angle \text{C}=90°$ とする．$\triangle \text{ABC}$ の頂点とは異なる点 P, Q, R がそれぞれ辺 BC, CA, AB 上にあり，$\triangle \text{PQR}$ は正三角形であるとする．

(1) $\angle \text{CPQ}=\angle \text{BRP}$ であることを示せ．
(2) $\text{BP}=x$ とするとき，CQ を x を用いて表せ．
(3) $\triangle \text{PQR}$ の面積 S を x を用いて表せ．また，S の最小値とそのときの x の値を求めよ．

（滋賀大）

(2) $\triangle \text{BPR}$ で正弦定理を用いる

3 余弦定理

三角形 OAB の辺 AB を $5:9$ に内分する点を C とする．$OA=2\sqrt{2}$，$OB=6$，$OC=3$ であるとき，次の問いに答えよ
（1） $\angle AOC$ の大きさを求めよ
（2） 三角形 OAB の面積を求めよ．

（岩手大・教，農）

余弦定理と三角形の決定条件　余弦定理の基本的な使い道は 2 通りあって，

（ i ）3 辺から cos を求める．$\left(a,\ b,\ c\ \text{が与えられていて，}\cos A=\dfrac{b^2+c^2-a^2}{2bc}\right)$

（ ii ）2 辺とその間の角からもう 1 辺を求める．
　　　（$a,\ b,\ C$ が与えられていて，$c^2=a^2+b^2-2ab\cos C$）
　　応用問題では，これに拘らず未知数をおいて，余弦定理の等式を活用しよう．

辺の長さを求める　本問の場合，与えられていない辺の長さを文字 k を用いて置き，それが関与する三角形に着目する．下図の 2 つの三角形△OAC，△OCB に関して余弦定理を用いる．$\cos\angle OCA=-\cos\angle OCB$ であることを用いると，k と $\cos\theta$ に関する方程式が 2 つ立てられる．

▤解 答▤

（1）　AC：BC＝5：9 より
　　　　　$AC=5k,\ BC=9k$
とおける．
　$\angle OCA=\theta$ として，△OAC で余弦定理を用い，
　　　$(2\sqrt{2})^2=(5k)^2+3^2-2\cdot 5k\cdot 3\cos\theta$
　$\therefore\ 25k^2-30k\cos\theta+1=0$ ……………①
　△OBC で余弦定理を用い，
　　　$6^2=(9k)^2+3^2-2\cdot 9k\cdot 3\cos(180°-\theta)$
　$\therefore\ 2^2=(3k)^2+1^2+2\cdot k\cdot 3\underline{\cos\theta}$
　$\therefore\ 3k^2+2k\cos\theta-1=0$ ………………②
①＋②×15 より，
　　　$70k^2-14=0$　$\therefore\ k=\dfrac{1}{\sqrt{5}}$　（$\because\ k>0$）

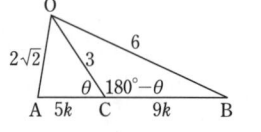

よって，$AC=5k=5\cdot\dfrac{1}{\sqrt{5}}=\sqrt{5}$

　　$\cos\angle AOC=\dfrac{(2\sqrt{2})^2+3^2-(\sqrt{5})^2}{2\cdot 2\sqrt{2}\cdot 3}=\dfrac{1}{\sqrt{2}}$　$\therefore\ \boldsymbol{\angle AOC=45°}$

（2）　$\triangle OAB=\underline{\dfrac{14}{5}}\triangle OAC=\dfrac{14}{5}\cdot\dfrac{1}{2}\cdot 2\sqrt{2}\cdot 3\sin 45°=\boldsymbol{\dfrac{42}{5}}$

⇦ $\angle AOC$ は AC が与えられれば決まるので，まずこれを求める．

⇦ 未知数が k と θ の 2 つだから，方程式を 2 つ立てる．

⇦ $\cos(180°-\theta)=-\cos\theta$

⇦ AC：AB＝5：14 より，
　△OAC：△OAB＝5：14

⬢3 演習題（解答は p.101）

三角形 ABC があり，$AB=7$，$BC=4$，$AC=5$ である．AB 上に点 P を，AC 上に点 Q をとり，線分 PQ を折り目として三角形 ABC を折ったとき，頂点 A が辺 BC の中点 M にちょうど重なったとする．このとき，線分 MP および線分 MQ の長さを求めよ．

（青森公立大）

△MBP，△MCQ で余弦定理を用いる．

4 内接円, 外接円の半径

三角形 ABC において, AB=7, BC=13, CA=8 のとき, この三角形の外接円の半径 R は ◯◯ であり, 内接円の半径 r は ◯◯ である. （福岡大）

外接円の半径 R は正弦定理で $\angle A$ の角度 A と $\angle A$ の対辺の長さ a から, 正弦定理を用いて,
$$R = \frac{a}{2\sin A}$$

内接円の半径 r は面積経由で 辺 a, b, c と $\triangle ABC$ の面積 S を使って, 内接円の半径 r を表すことができる. $\triangle ABC$ の内心を I とおくと, 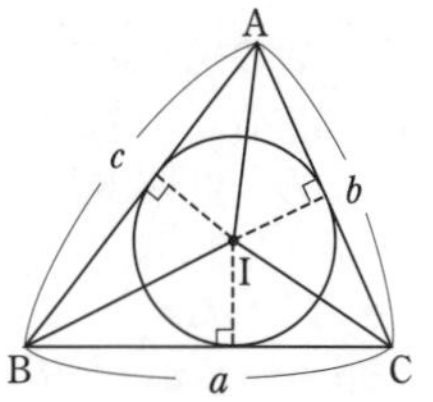
$$S = \triangle BCI + \triangle CAI + \triangle ABI$$
$$= \frac{1}{2}a \cdot r + \frac{1}{2}b \cdot r + \frac{1}{2}c \cdot r = \frac{1}{2}(a+b+c)r \cdots\cdots ①$$
$$\therefore \quad r = \frac{2S}{a+b+c}$$

三角形の面積の求め方 2辺 a, b と夾角 C が与えられたときの三角形の面積 S は, $S = \frac{1}{2}ab\sin C \cdots\cdots ②$
で与えられる.

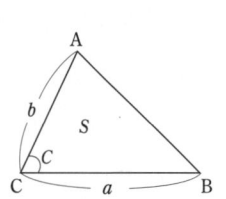

3辺 a, b, c が与えられたときの三角形の面積 S を求める手順は,
  ⅰ) a, b, c から余弦定理で $\cos C$ を求める.
  ⅱ) $\cos C$ から $\sin C$ を求める.
  ⅲ) ②の式に代入して S を求める.

また, 3辺 a, b, c から三角形の面積 S を直接求めるには, 次のヘロンの公式を使ってもよい.
$$S = \sqrt{s(s-a)(s-b)(s-c)} \quad (\text{ここで}, \ s = \frac{a+b+c}{2})$$

解 答

余弦定理を用いて 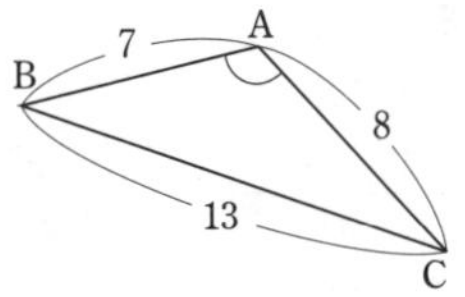
$$\cos A = \frac{7^2 + 8^2 - 13^2}{2 \cdot 7 \cdot 8} = \frac{-56}{2 \cdot 7 \cdot 8} = -\frac{1}{2}$$
$$\sin A = \sqrt{1 - \left(-\frac{1}{2}\right)^2} = \frac{\sqrt{3}}{2}$$

⇔ $0° < A < 180°$ のとき, $0 < \sin A \leq 1$

正弦定理より, $R = \dfrac{BC}{2\sin A} = \dfrac{13}{2 \cdot \frac{\sqrt{3}}{2}} = \dfrac{\mathbf{13}}{\sqrt{\mathbf{3}}}$

$\triangle ABC = \dfrac{1}{2} \cdot AB \cdot AC \cdot \sin A = \dfrac{1}{2} \cdot 7 \cdot 8 \cdot \dfrac{\sqrt{3}}{2} = 14\sqrt{3}$ ⇔ 前文の②

一方, $\triangle ABC = \dfrac{1}{2}(AB + BC + CA)r = \dfrac{1}{2}(7+13+8)r = 14r$ ⇔ 前文の①

よって, $14\sqrt{3} = 14r$ $\therefore \ r = \sqrt{\mathbf{3}}$

○4 演習題 （解答は p.101）

三角形 ABC は, 3辺の長さの合計が 22, 角 A の大きさが 60°, 内接円の半径が $\sqrt{3}$ であるとする. このとき, 辺 BC の長さは ◯◯ であり, 三角形 ABC の外接円の半径は ◯◯ である. （類 東京経済大）

> 面積, 余弦定理を利用して $a(=BC)$ の方程式を立てる.

● 5 三角形の形状決定

次の条件を満たす三角形 ABC はどのような三角形か．（1），（2），（3）それぞれの場合について，理由をつけて答えよ．ただし，三角形 ABC において，頂点 A，B，C に向い合う辺 BC，CA，AB の長さをそれぞれ a，b，c で表す．また，∠A，∠B，∠C の大きさをそれぞれ A，B，C で表す．

（1）$\dfrac{b}{\sin A} = \dfrac{a}{\sin B}$　　（2）$\dfrac{a}{\cos A} = \dfrac{b}{\cos B}$　　（3）$\dfrac{b}{\cos A} = \dfrac{a}{\cos B}$　　（愛媛大・農，教）

辺だけの式で表す　　与えられた式を，余弦定理や正弦定理を使って，a，b，c だけの式で表すことを目標にする．このとき，正弦定理を使うために三角形の外接円の半径を R とおくとよい．sin が出てくるほとんどの問題で，各項の sin の次数が等しいので，R はすぐにキャンセルされる．結局，正弦定理とは言っても，$a : b : c = \sin A : \sin B : \sin C$ という比だけを問題にしているのである．

与えられた式を，$\cos A$，$\cos B$，$\cos C$，$\sin A$，$\sin B$，$\sin C$ といった角度だけの式に変形して解くこともできるが，加法定理や和積の公式（数II）を使わなければならないことも多く，辺だけの式に統一した方が無難だろう．

いずれにしろ，辺だけか角度だけかのどちらかに統一することがポイントである．

≡解　答≡

（1）△ABC の外接円の半径を R とする．分母を払ったあと，正弦定理を用い，
$$b \sin B = a \sin A \quad \therefore \quad b \cdot \dfrac{b}{2R} = a \cdot \dfrac{a}{2R}$$
$$\therefore \quad b^2 = a^2 \quad \therefore \quad b = a$$

⇐ $\dfrac{a}{\sin A} = 2R$ より，$\sin A = \dfrac{a}{2R}$

よって，△ABC は，**CA＝CB の二等辺三角形**．

（2）分母を払ったあと，余弦定理を用いて，
$$a \cos B = b \cos A \quad \therefore \quad a \cdot \dfrac{c^2 + a^2 - b^2}{2ca} = b \cdot \dfrac{b^2 + c^2 - a^2}{2bc}$$
$$\therefore \quad c^2 + a^2 - b^2 = b^2 + c^2 - a^2 \quad \therefore \quad a^2 = b^2 \quad \therefore \quad a = b$$

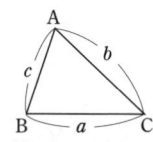

よって，△ABC は，**CB＝CA の二等辺三角形**．

（3）分母を払ったあと，余弦定理を用いて，
$$b \cos B = a \cos A \quad \therefore \quad b \cdot \dfrac{c^2 + a^2 - b^2}{2ca} = a \cdot \dfrac{b^2 + c^2 - a^2}{2bc}$$
$$\therefore \quad b^2(c^2 + a^2 - b^2) = a^2(b^2 + c^2 - a^2)$$
$$\therefore \quad (b^2 - a^2)c^2 - (b^4 - a^4) = 0$$
$$\therefore \quad (b^2 - a^2)\{c^2 - (a^2 + b^2)\} = 0$$
$$\therefore \quad b = a \text{ または } c^2 = a^2 + b^2$$

⇐ 両辺を $2abc$ 倍した．
⇐ c について整理した．この左辺は，$(b^2 - a^2)c^2 - (b^2 - a^2)(b^2 + a^2)$

よって，△ABC は，**CA＝CB の二等辺三角形または ∠C＝90° の直角三角形**．

● 5 演習題（解答は p.101）

△ABC において，頂角 ∠A，∠B，∠C の大きさをそれぞれ A，B，C とし，辺 BC，辺 CA，辺 AB の長さを a，b，c とする．次の関係式が成立するとき，△ABC はどのような形の三角形か？

$$a \sin A (\sin B - \sin C) = b \sin^2 B - (b + c) \sin B \sin C - c \cos^2 C + c$$（同志社大・神，法）

sin にそろえて考える．

6 円に内接する四角形

円に内接する四角形 ABCD がある．四角形 ABCD の各辺の長さは，AB＝2，BC＝3，CD＝1，DA＝2 である．
（1） cos∠BAD と対角線 BD の長さを求めよ．
（2） 2つの対角線 AC と BD の交点を E とする．BE：ED と BE の長さを求めよ． （東洋大）

対角の和は180° 円に内接する四角形において対角（向かい合う角）の和は180°である．右図でいうと，∠A＋∠C＝180°である．このことから，$\cos C=\cos(180°-A)=-\cos A$，$\sin C=\sin(180°-A)=\sin A$ が成り立つ．内接四角形の問題ではこの関係を使うことが多い．

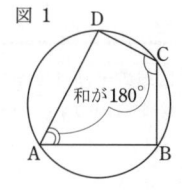

対角線の長さを2通りの余弦定理で 円に内接する四角形で，4辺が与えられたときに対角線の長さ（図2のBD）を求める問題では，BD^2 を 2通りの余弦定理（△ABDと△CBD）で表し，向かい合う角の cos を求めるのが定石である．

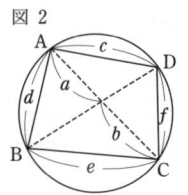

$a:b=cd:ef$ 図2で，線分比と面積比の関係を用いて，

$$a:b=\triangle ABD:\triangle CDB=\frac{1}{2}cd\sin A:\frac{1}{2}ef\sin(180°-A)$$
$$=cd:ef$$

解答

（1） ∠BAD＝α とおく．△ABD に余弦定理を用いて，
$$BD^2=2^2+2^2-2\cdot2\cdot2\cos\alpha$$
$$=8-8\cos\alpha \quad\cdots\cdots ①$$
△BCD に余弦定理を用いて，
$$BD^2=3^2+1^2-2\cdot3\cdot1\cos(180°-\alpha)$$
$$=10+6\cos\alpha \quad\cdots\cdots ②$$

⇐ ∠C＝180°－∠A＝180°－α

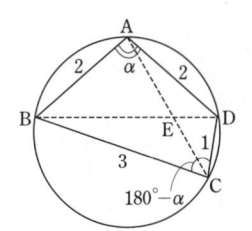

①，②より，
$$8-8\cos\alpha=10+6\cos\alpha \quad\therefore\quad \cos\alpha=-\frac{1}{7}$$

⇐ －14$\cos\alpha$＝2

①に代入して，$BD^2=8-8\left(-\dfrac{1}{7}\right)=\dfrac{64}{7}$ ∴ **BD**＝$\dfrac{8}{\sqrt{7}}$

（2） BE：ED＝△ABC：△ACD＝AB・BC：CD・DA
＝2・3：1・2＝**3：1**

⇐ 前文のポイントの事実を使った．

これを用いて，BE＝BD×$\dfrac{3}{3+1}=\dfrac{8}{\sqrt{7}}\cdot\dfrac{3}{4}=\dfrac{6}{\sqrt{7}}$

◯6 演習題（解答は p.101）

四角形 ABCD は，AB＝3，BC＝2，CD＝4 を満たし，円 C_1 に外接し，円 C_2 に内接している．
（1） DA を求めなさい．
（2） ∠ABC＝θ とおくとき，$\cos\theta$ の値を求めなさい．
（3） 四角形 ABCD の面積を求めなさい． （日大・医）

円に外接する四角形は，向かい合う辺の長さの和が等しい．

7 内接球の半径

1辺の長さが3の立方体 ABCD-EFGH において，2辺 AB, CD のそれぞれを 1:2 に内分する点を P, Q とするとき， 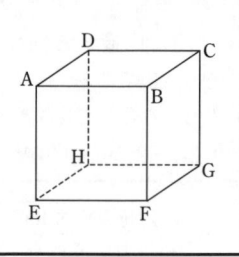
(1) 三角錐 BPFQ の表面積 S を求めよ．
(2) B から △PFQ に下ろした垂線の長さ h を求めよ．
(3) 三角錐 BPFQ に内接する球の半径 r を求めよ．（分母を有理化しなくてよい）

（近畿大・経，短大）

内接球の半径は体積経由で 三角錐（＝四面体）に内接する球の半径を求めるには，p.93 の三角形に内接する円の半径の求め方を立体バージョンにするとよい．

解答

(1) $PF = \sqrt{BF^2 + BP^2} = \sqrt{3^2 + 2^2} = \sqrt{13}$
$PQ = BQ = \sqrt{QC^2 + BC^2} = \sqrt{1^2 + 3^2} = \sqrt{10}$
$FQ = \sqrt{FB^2 + BQ^2} = \sqrt{3^2 + 10} = \sqrt{19}$
$\angle QPF = \theta$ とおく，△PFQ に余弦定理を用い，
$\cos\theta = \dfrac{(\sqrt{10})^2 + (\sqrt{13})^2 - (\sqrt{19})^2}{2\sqrt{10}\sqrt{13}} = \dfrac{2}{\sqrt{10}\sqrt{13}}$
$\sin\theta = \sqrt{1-\cos^2\theta} = \dfrac{\sqrt{126}}{\sqrt{10}\sqrt{13}} = \dfrac{3\sqrt{14}}{\sqrt{10}\sqrt{13}}$ 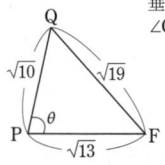
$\triangle PFQ = \dfrac{1}{2} PQ \cdot PF \sin\theta = \dfrac{1}{2}\sqrt{10}\sqrt{13} \cdot \dfrac{3\sqrt{14}}{\sqrt{10}\sqrt{13}} = \dfrac{3\sqrt{14}}{2}$
$S = \triangle PFQ + \triangle BPQ + \triangle BFP + \triangle BFQ$
$= \dfrac{3\sqrt{14}}{2} + \dfrac{1}{2}\cdot 2 \cdot 3 + \dfrac{1}{2}\cdot 2 \cdot 3 + \underline{\dfrac{1}{2}\cdot 3 \cdot \sqrt{10}} = \dfrac{3(4+\sqrt{10}+\sqrt{14})}{2}$

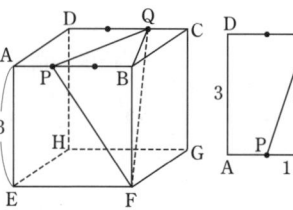

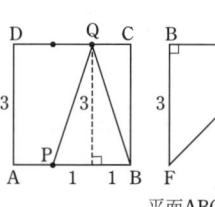

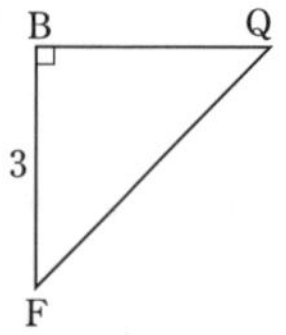

平面ABCDとBFが垂直なので，$\angle QBF = 90°$

⇐ $\angle FBQ = 90°$

(2) 三角錐 BPFQ の体積 V を，2通りに立式すると，
$V = \dfrac{1}{3} \cdot \triangle PFQ \cdot h = \dfrac{1}{3}\triangle BPQ \cdot BF = \dfrac{1}{3}\cdot\left(\dfrac{1}{2}\cdot 2 \cdot 3\right)\cdot 3 = 3$
∴ $h = \dfrac{3V}{\triangle PFQ} = \dfrac{3\cdot 3 \cdot 2}{3\sqrt{14}} = \dfrac{6}{\sqrt{14}}\left(=\dfrac{3\sqrt{14}}{7}\right)$

⇐ △BPQ を底面と見ると，V が計算できる．

(3) 内接球の中心 O で三角錐 BPFQ を切り分けて体積を求める．
$V = (BPFQ) = (OPFQ) + (OBPQ) + (OBFP) + (OBFQ)$
$= \dfrac{1}{3}(\triangle PFQ + \triangle BPQ + \triangle BFP + \triangle BFQ) \cdot r = \dfrac{1}{3} Sr$

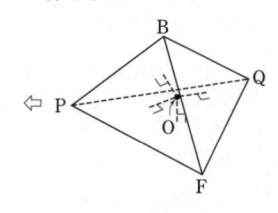

これが3に等しいので，$\dfrac{1}{3}Sr = 3$ ∴ $r = \dfrac{3 \cdot 3}{S} = \dfrac{6}{4+\sqrt{10}+\sqrt{14}}$

$(OPFQ) = \dfrac{1}{3}\triangle PFQ \cdot r$ などとなる．

○7 演習題（解答は p.102）

a を正の数とし，次のような条件をみたす四面体 OABC を考える．
$\angle AOB = \angle AOC = 90°$, OB=4, BC=5, OC=3, OA=$a$
(1) $\angle BAC = \theta$ とおく．$\cos\theta$ を a で表せ．また，△ABC の面積を a で表せ．
(2) 球面 S_1 が四面体 OABC のすべての面と接するとき，S_1 の半径を a で表せ．
(3) O, A, B, C が球面 S_2 上にあるとき，S_2 の半径を a で表せ．（お茶の水女子大）

$\angle AOB = \angle AOC = 90°$ より，OA⊥△OBC
(3)は，○9 のポイントを用いる．

◆8 三辺の長さが等しい四面体

四面体 OABC において，OA=OB=OC=7，AB=5，BC=7，CA=8 とする．O から平面 ABC に下ろした垂線を OH とするとき，次の問いに答えよ．
（1） ∠BAC の大きさを求めよ．
（2） △ABC の面積を求めよ．
（3） 線分 AH の長さを求めよ．
（4） 四面体 OABC の体積を求めよ．

（広島工大・工，情報，環境）

"三脚型"は垂線を下ろすと外心 1点 O から伸びる 3本の辺の長さが等しい四面体では，O から向かいの面に下ろした垂線の足 H は，三角形の外心になる．これは，OA=OB=OC，OH 共通なので，直角三角形の合同条件を用いて，△OAH≡△OBH≡△OCH より，HA=HB=HC となるからである．H は △ABC の外心である．

なお，三角錐（＝四面体）の6辺のうち5辺が等しい条件が与えられる問題のときも，この手法を用いることができるが，p.105 のひし型を折り曲げて出来る四面体の手法で解いた方が早いことが多い．

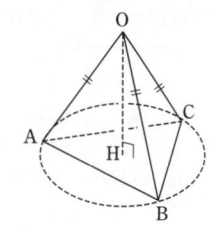

▓ 解 答 ▓

（1） △ABC に余弦定理を用いて，
$$\cos \angle BAC = \frac{5^2+8^2-7^2}{2\cdot 5\cdot 8} = \frac{40}{2\cdot 5\cdot 8} = \frac{1}{2}$$
∴ ∠BAC=**60°**

（2） $\triangle ABC = \frac{1}{2}\cdot 5\cdot 8\cdot \sin 60° = \mathbf{10\sqrt{3}}$

（3） OA=OB=OC により，H が △ABC の外心になるので，AH は △ABC の外接円の半径である．　　⇦前文参照

正弦定理より，
$$AH = \frac{BC}{2\sin \angle BAC} = \frac{\mathbf{7}}{\mathbf{\sqrt{3}}}$$

（4） 直角三角形 OAH に着目して，
$$OH = \sqrt{OA^2 - AH^2} = \sqrt{7^2 - \left(\frac{7}{\sqrt{3}}\right)^2} = 7\sqrt{\frac{2}{3}}$$
　　⇦高さが OH

求める体積は，
$$\frac{1}{3}\cdot \triangle ABC\cdot OH = \frac{1}{3}\cdot 10\sqrt{3}\cdot 7\sqrt{\frac{2}{3}} = \mathbf{\frac{70}{3}\sqrt{2}}$$

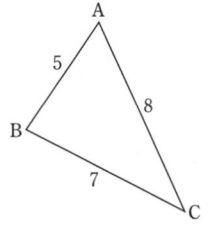

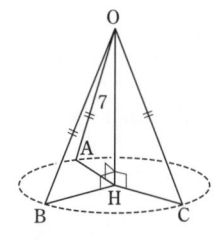

○8 演習題（解答は p.103）

四面体 ABCD は AB=6，BC=$\sqrt{13}$，AD=BD=CD=CA=5 を満たしているとする．
（1） 三角形 ABC の面積を求めよ．
（2） 四面体 ABCD の体積を求めよ．

（学習院大・理）

> DA=DB=DC であることに着目する．

9 外接球の半径

一辺の長さが1の正三角形 ABC を底面とする四面体 OABC を考える．ただし，OA＝OB＝OC＝a であり，$a≧1$ とする．頂点 O から三角形 ABC におろした垂線の足を H とする．
（1） 線分 AH の長さを求めよ．
（2） a を用いて線分 OH の長さを表せ．
（3） 四面体 OABC が球 S に内接するとき，この球 S の半径 r を a を用いて表せ．

（北大・理，工－後）

外接球の半径 外接球の半径を求めるには，外接球の中心 P がどこにあるかを対称性などにより把握することがポイントとなる．

三脚型（OA＝OB＝OC）では，P は O から△ABC に下ろした垂線 OH 上にある．OA＝OB＝OC，PA＝PB＝PC なので，O，P から下ろした垂線の足はともに△ABC の外心 H に一致する．P は直線 OH 上にある．

なお，外接球の半径を求めるときは，p.105 の「ひし形を折り曲げてできる四面体」になっている場合も多い．また，教科書 Next「三角比と図形の集中講義」を持っている人は§38 を合わせて参考にされたい．

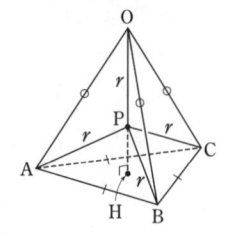

解 答

（1） H は△ABC の外心である．△ABC は正三角形なので，これは重心に一致する．BC の中点を M とすると，
AH：HM＝2：1
$$AH=\frac{2}{3}AM=\frac{2}{3}AB\sin 60°=\frac{2}{3}\cdot 1\cdot\frac{\sqrt{3}}{2}=\frac{\sqrt{3}}{3}$$

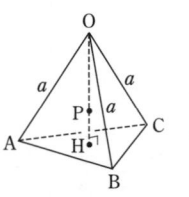

（2） $OH=\sqrt{OA^2-AH^2}=\sqrt{a^2-\dfrac{1}{3}}$

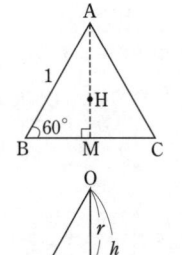

⇐2番目の図を参照．

（3） S の中心を P とする．P は OH 上にある．OH＝h とおく．△APH に着目して，
$AP^2=PH^2+AH^2$
∴ $r^2=(h-r)^2+\left(\dfrac{\sqrt{3}}{3}\right)^2$　∴ $0=h^2-2hr+\dfrac{1}{3}$
∴ $2hr=h^2+\dfrac{1}{3}=\left(a^2-\dfrac{1}{3}\right)+\dfrac{1}{3}=a^2$
∴ $r=\dfrac{a^2}{2h}=\dfrac{a^2}{2\sqrt{a^2-\dfrac{1}{3}}}=\dfrac{\sqrt{3}\,a^2}{2\sqrt{3a^2-1}}$

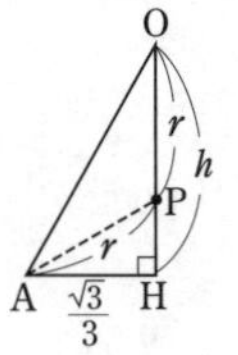

⇐$a≧1$ より P は線分 OH 上にある．
⇐3番目の図を参照．

➡**注** P から OA に下ろした垂線を PM とすると，PO＝PA より M は OA の中点で，右図のようになる．
$$\cos\theta=\frac{OM}{OP}=\frac{OH}{OA}\ \text{より},\ r=\frac{a^2}{2h}=\frac{a^2}{2}\cdot\frac{\sqrt{3}}{\sqrt{3a^2-1}}$$

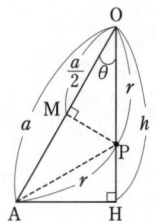

◆9 演習題（解答は p.103）

半径 r の球面上に4点 A，B，C，D がある．四面体 ABCD の各辺の長さは，AB＝$\sqrt{3}$，AC＝AD＝BC＝BD＝CD＝2 を満たしている．このとき，r の値を求めよ． （東大）

三脚型でも p.105 のタイプでもある．

10 対称面に着目する

1辺の長さが2の正三角形ABCを底面とし，Oを頂点とする四面体OABCがある．辺OA，OBの長さは等しく，それらの長さは2以上であり，辺OCの長さは辺OAの$\sqrt{2}$倍である．

(1) 辺ABの中点をMとし，辺OMの長さをxとする．2辺OA，OBの長さが2以上であるので，$x \geq \boxed{ア}$である．

(2) $x = \boxed{ア}$のとき，辺OCの長さは$\boxed{イ}$である．

(3) 三角形OMCにおいて，1辺の長さは他の2辺の長さの和より短くなければならないので，$\boxed{ア} \leq x < \boxed{ウ}$

(4) $x = \boxed{ア}$のときの辺OMと辺CMのなす角をθとすると$\cos\theta = \boxed{エ}$である．

(5) xが(3)で求めた範囲を動くとき，四面体OABCの体積Vの最大値は$\boxed{オ}$であり，それを与えるxの値は$\boxed{カ}$である．

(早大・人間科学)

対称面に着目する 対称面を持つ立体では，対称面に着目することで，求積・求値の見通しがよくなる．この立体では，OA=OB，CA=CBなので，OからABに下ろした垂線の足とCからABに下ろした垂線の足はともにABの中点Mになる．OMCはこの立体の対称面になる．($\triangle$OMC$\perp$AB)

解答

OA=OB，CA=CBで，MはABの中点なので，$\angle$OMA=$\angle$CMA=90°

(1) OA=OB=$\sqrt{OM^2+AM^2}=\sqrt{x^2+1}$
OA≥ 2より，$\sqrt{x^2+1} \geq 2$
∴ $x^2+1 \geq 4$ ∴ $\boldsymbol{x \geq \sqrt{3}}$

(2) OC=$\sqrt{2}$OA=$\sqrt{2} \cdot 2 = \boldsymbol{2\sqrt{2}}$

(3) $\triangle$ABCは正三角形であるから，CM=$\sqrt{3}$
$\sqrt{3} \leq x (<\sqrt{x^2+1}) < \sqrt{2}\sqrt{x^2+1}$ に注意すると，
三角形OMCの成立条件は，
$\underline{x+\sqrt{3} > \sqrt{2}\sqrt{x^2+1}}$ ∴ $(x+\sqrt{3})^2 > 2(x^2+1)$
∴ $x^2 - 2\sqrt{3}x - 1 < 0$ ∴ $\sqrt{3}-2 < x < \sqrt{3}+2$
$x \geq \sqrt{3}$と合わせて，$\boldsymbol{\sqrt{3} \leq x < 2+\sqrt{3}}$

(4) $\triangle$OMCに余弦定理を用いて
$\cos\theta = \dfrac{x^2+(\sqrt{3})^2-(\sqrt{2}\sqrt{x^2+1})^2}{2 \cdot x \cdot \sqrt{3}} = \dfrac{1-x^2}{2\sqrt{3}x}$　$x=\sqrt{3}$として，$\boldsymbol{\cos\theta = -\dfrac{1}{3}}$

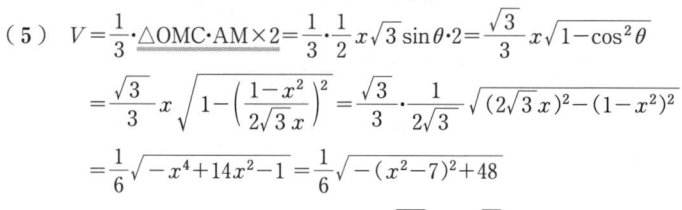

(5) $V = \dfrac{1}{3} \cdot \triangle OMC \cdot AM \times 2 = \dfrac{1}{3} \cdot \dfrac{1}{2}x\sqrt{3}\sin\theta \cdot 2 = \dfrac{\sqrt{3}}{3}x\sqrt{1-\cos^2\theta}$

$= \dfrac{\sqrt{3}}{3}x\sqrt{1-\left(\dfrac{1-x^2}{2\sqrt{3}x}\right)^2} = \dfrac{\sqrt{3}}{3} \cdot \dfrac{1}{2\sqrt{3}}\sqrt{(2\sqrt{3}x)^2-(1-x^2)^2}$

$= \dfrac{1}{6}\sqrt{-x^4+14x^2-1} = \dfrac{1}{6}\sqrt{-(x^2-7)^2+48}$

よって，Vは$\boldsymbol{x=\sqrt{7}}$のとき，最大値$\dfrac{\sqrt{48}}{6} = \boldsymbol{\dfrac{2\sqrt{3}}{3}}$をとる．

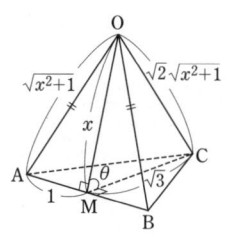

⇦ $x=\sqrt{3}$のとき，OA=2

⇦ 三角形の1辺の長さは他の2辺の長さの和より小さい．
⟺ 三角形の最大辺の長さは他の2辺の長さの和より小さい．
(三角形の成立条件，☞数学A)

⇦ 四面体OABCは平面OMCに関して対称なので，
四面体OABC=四面体OMCA×2
なお，AB⊥OM，AB⊥CMより，AB⊥$\triangle$OMC

○10 演習題（解答はp.104）

四面体ABCDは，AB=BC=CD=DA=1を満たす．AC=xとするとき，四面体ABCDの体積の最大値をxで表せ． (早大・商，改題)

BA=BC, DA=DC

図形と計量 演習題の解答

1…A*B*　　2…B**　　3…A**
4…A**　　5…B**　　6…B**
7…C***　　8…B**　　9…B**
10…B**

1 （ア）求める式の2乗 $(\sin\theta-\cos\theta)^2$ は $\sin\theta$ と $\cos\theta$ の対称式である．対称式は基本対称式 $\sin\theta+\cos\theta$, $\sin\theta\cos\theta$ を用いて表すことができる．$\sin\theta+\cos\theta$ の値が分かっているので，$\sin\theta\cos\theta$ の値を求めることを目標にする．
（イ）両辺を $\cos\theta$ で割れば，$\tan\theta$ の2次方程式になる．

解 （ア）
$(\sin\theta+\cos\theta)^2$
$=\sin^2\theta+2\sin\theta\cos\theta+\cos^2\theta=1+2\sin\theta\cos\theta$
$\therefore\ \left(\dfrac{4}{3}\right)^2=1+2\sin\theta\cos\theta\quad\therefore\ \sin\theta\cos\theta=\dfrac{7}{18}$

$(\sin\theta-\cos\theta)^2=\sin^2\theta-2\sin\theta\cos\theta+\cos^2\theta$
$\qquad\qquad\qquad=1-2\cdot\dfrac{7}{18}=\dfrac{2}{9}$

$0°<\theta<45°$ のとき，$\sin\theta<\dfrac{\sqrt{2}}{2}<\cos\theta$ より，
$\sin\theta-\cos\theta<0$

したがって，$\sin\theta-\cos\theta=-\dfrac{\sqrt{2}}{3}$

別解
$(\sin\theta+\cos\theta)^2+(\sin\theta-\cos\theta)^2=2(\cos^2\theta+\sin^2\theta)$
$\qquad\qquad\qquad\qquad\qquad\qquad\qquad=2$
$\therefore\ (\sin\theta-\cos\theta)^2=2-(\sin\theta+\cos\theta)^2$
$\qquad\qquad\qquad\qquad=2-\left(\dfrac{4}{3}\right)^2=\dfrac{2}{9}$

［以下，解答と同様］

（イ）$30°\le\theta<90°$ ……① なので，$\cos\theta\ne0$
与えられた等式の両辺を $\cos\theta$ で割って，
$(1+\sqrt{3})\cdot\dfrac{\sin\theta}{\cos\theta}\cdot\tan\theta=2\sqrt{3}\cdot\dfrac{\sin\theta}{\cos\theta}+(1-\sqrt{3})$
$\therefore\ (1+\sqrt{3})\tan^2\theta-2\sqrt{3}\tan\theta-(1-\sqrt{3})=0$

$\begin{pmatrix}\text{たすきがけで，}\\1\quad\times\quad-1\\1+\sqrt{3}\quad 1-\sqrt{3}\quad\to\ -2\sqrt{3}\end{pmatrix}$

$(\tan\theta-1)\{(1+\sqrt{3})\tan\theta+(1-\sqrt{3})\}=0$
ここで，①のとき，$\dfrac{1}{\sqrt{3}}\le\tan\theta$……② であり，
$(1+\sqrt{3})\tan\theta+(1-\sqrt{3})$
$\ge(1+\sqrt{3})\cdot\dfrac{1}{\sqrt{3}}+(1-\sqrt{3})$
$=2-\dfrac{2\sqrt{3}}{3}=\dfrac{2}{3}(3-\sqrt{3})>0$

よって，$\tan\theta=1\quad\therefore\ \boldsymbol{\theta=45°}$

➡注　$\tan\theta$ の2次方程式は解の公式で解いてもよい．
$\tan\theta=\dfrac{\sqrt{3}\pm\sqrt{3+(1+\sqrt{3})(1-\sqrt{3})}}{1+\sqrt{3}}=\dfrac{\sqrt{3}\pm1}{1+\sqrt{3}}$
$\tan\theta$ の値は，1 または $\dfrac{\sqrt{3}-1}{\sqrt{3}+1}=2-\sqrt{3}$

$2-\sqrt{3}<\dfrac{1}{\sqrt{3}}$ であり，②を満たさないので不適．

2 （1）角度を追いかけていく．
（2）まず正弦定理を用いて正三角形の1辺を x, θ で表す．
（3）PQ^2 は x の2次関数で表すことができるので，平方完成をする．

解 （1）$\angle CPQ=\theta$ とおく．
Pの周りで考えて，
$\angle\text{ア}=180°-\theta-60°$
$\qquad=120°-\theta$
$\triangle BPR$ で考えて，
$\angle BRP=180°-(120°-\theta)-60°=\theta$
よって，$\angle CPQ=\angle BRP$

（2）$\triangle BPR$ で正弦定理を用いて，
$\dfrac{RP}{\sin60°}=\dfrac{x}{\sin\theta}\quad\therefore\ RP=\dfrac{x\sin60°}{\sin\theta}$
$CQ=PQ\sin\theta=RP\sin\theta=\dfrac{x\sin60°}{\sin\theta}\cdot\sin\theta$
$\qquad=x\sin60°=\dfrac{\sqrt{3}}{2}x$

（3）$PQ^2=PC^2+CQ^2=(1-x)^2+\left(\dfrac{\sqrt{3}}{2}x\right)^2$

$S=\dfrac{1}{2}PQ\cdot PR\sin60°=\dfrac{\sqrt{3}}{4}PQ^2$
$\ =\dfrac{\sqrt{3}}{4}\left\{(1-x)^2+\left(\dfrac{\sqrt{3}}{2}x\right)^2\right\}$
$\ =\dfrac{\sqrt{3}}{4}\left(\dfrac{7}{4}x^2-2x+1\right)$
$\ =\dfrac{\sqrt{3}}{4}\left\{\dfrac{7}{4}\left(x-\dfrac{4}{7}\right)^2+\dfrac{3}{7}\right\}$

S は, $x=\dfrac{4}{7}$ で最小値 $\dfrac{3\sqrt{3}}{28}$ をとる.

3 折り返しの図形の構図では，等しい長さの線分の組ができることに注意する．辺の長さと角度の情報が集まっている三角形に着目する．AP, AQ は独立に求めることができる．AP, AQ を未知数とおいて，余弦定理の式を立てる．

解 △ABC に余弦定理を用いて，

$\cos B = \dfrac{7^2+4^2-5^2}{2\cdot 7\cdot 4}$

$= \dfrac{40}{2\cdot 7\cdot 4} = \dfrac{5}{7}$,

$\cos C = \dfrac{4^2+5^2-7^2}{2\cdot 4\cdot 5}$

$= \dfrac{-8}{2\cdot 4\cdot 5} = -\dfrac{1}{5}$

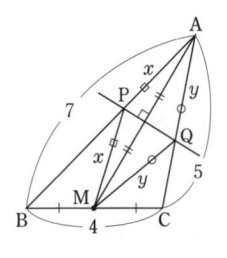

MP＝AP＝x とおくと，PB＝$7-x$
△MBP に余弦定理を用いると，

$x^2 = (7-x)^2 + 2^2 - 2(7-x)\cdot 2\cdot \cos B$

∴ $0 = 53 - 14x - (28-4x)\cdot \dfrac{5}{7}$

∴ $\dfrac{78}{7}x = 33$ ∴ **MP**＝$x=\dfrac{77}{26}$

MQ＝AQ＝y とおくと，QC＝$5-y$
△MCQ に余弦定理を用いると，

$y^2 = (5-y)^2 + 2^2 - 2(5-y)\cdot 2\cdot \left(-\dfrac{1}{5}\right)$

∴ $0 = 29 - 10y - (20-4y)\cdot \left(-\dfrac{1}{5}\right)$

∴ $\dfrac{54}{5}y = 33$ ∴ **MQ**＝$y=\dfrac{55}{18}$

4 BC を未知数とした方程式を作る．内接円の半径，外接円の半径は，例題と同じようにして捉える．

解 BC＝a, CA＝b, AB＝c, 内接円の半径を r, 外接円の半径を R, 面積を S とする．問題の条件より，

$a+b+c=22$, $r=\sqrt{3}$,
∠A＝60° である.

$S = \dfrac{1}{2}(a+b+c)r$

$= \dfrac{1}{2}\cdot 22\sqrt{3} = 11\sqrt{3}$

$S = \dfrac{1}{2}bc\sin 60° = \dfrac{\sqrt{3}}{4}bc$

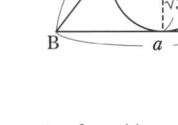

これより，$\dfrac{\sqrt{3}}{4}bc = 11\sqrt{3}$ ∴ $bc=44$

余弦定理を用いて，

$a^2 = b^2+c^2 - 2bc\cos 60°$
$= b^2+c^2-bc = (b+c)^2 - 3bc$

∴ $a^2 = (22-a)^2 - 3\cdot 44$

∴ $44a = 22^2 - 3\cdot 44 = (11-3)\cdot 44 = 8\cdot 44$

よって，$a=\mathbf{8}$

正弦定理を用いて，$R = \dfrac{8}{2\sin 60°} = \dfrac{\mathbf{8}}{\sqrt{\mathbf{3}}}$

➡**注** $b+c=14$, $bc=44$ より b, c を求めると，
　　　$b = 7\pm\sqrt{5}$, $c = 7\mp\sqrt{5}$ （複号同順）

5 $\cos^2 C$ を $1-\sin^2 C$ に置き換える．すると，どの項も，$\sin A$, $\sin B$, $\sin C$ の2次になる．すべての項が同次のときは，正弦定理を使って，$\sin A$, $\sin B$, $\sin C$ を a, b, c に置き換えることができる．外接円の半径 R はキャンセルされる．

解 $\cos^2 C + \sin^2 C = 1$ を使うと，与式の右辺は，

$b\sin^2 B - (b+c)\sin B \sin C - c(1-\sin^2 C) + c$
$= b\sin^2 B - (b+c)\sin B \sin C + c\sin^2 C$ ………①

また，正弦定理 $\dfrac{a}{\sin A} = \dfrac{b}{\sin B} = \dfrac{c}{\sin C}$ より，

$\sin A = ak$, $\sin B = bk$, $\sin C = ck$ とおける．$\left(k = \dfrac{1}{2R}\right)$

これを使って与式の左辺と①を書き直すと，

$a(ak)(bk-ck)$
$= b(bk)^2 - (b+c)(bk)(ck) + c(ck)^2$
$\iff a^2(b-c) = b^3 - (b+c)bc + c^3$
$\iff a^2(b-c) - b^3 + b^2c + bc^2 - c^3 = 0$
$\iff a^2(b-c) - b^2(b-c) + c^2(b-c) = 0$
$\iff (b-c)(a^2 - b^2 + c^2) = 0$
$\iff b=c$ または $b^2 = a^2 + c^2$

よって，**AC＝AB の二等辺三角形または∠B を直角とする直角三角形**.

6 （1） 円に外接する四角形 ABCD について，
右図より，

AB＋CD＝$x+y+z+w$
BC＋DA＝$y+z+w+x$

であり，

AB＋CD＝BC＋DA

が成り立つ．

（2） 余弦定理を用いて AC^2 を2通りに表す．

解 （1） 四角形 ABCD が円に外接するから，（前文の定理より，） 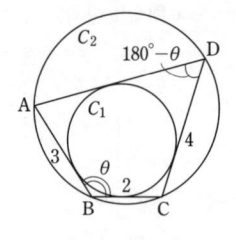
AB+CD=BC+DA
∴ DA=AB+CD−BC
　　　=3+4−2=**5**

（2） △ABC に余弦定理を用いて，
$AC^2=3^2+2^2-2\cdot 3\cdot 2\cos\theta=13-12\cos\theta$ ……①
△CDA に余弦定理を用いて，
$AC^2=4^2+5^2-2\cdot 4\cdot 5\cos(180°-\theta)=41+40\cos\theta$ ……②
①，②より，
$13-12\cos\theta=41+40\cos\theta$　∴ $52\cos\theta=-28$
∴ $\cos\theta=-\dfrac{7}{13}$

（3） $\sin\theta=\sqrt{1-\cos^2\theta}=\sqrt{1-\left(-\dfrac{7}{13}\right)^2}=\dfrac{\sqrt{120}}{13}$
また，$\sin(180°-\theta)=\sin\theta$
四角形 ABCD の面積は，
△ABC+△CDA
$=\dfrac{1}{2}\cdot 3\cdot 2\sin\theta+\dfrac{1}{2}\cdot 4\cdot 5\cdot\sin(180°-\theta)$
$=13\sin\theta=\sqrt{120}=\mathbf{2\sqrt{30}}$

7 （1） AB, AC の長さを求めてから，△ABC に余弦定理を用いる．
（2） 例題と同様に体積を経由して内接球の半径を求める．
（3） 三角形の外接円の中心は，各辺の垂直二等分線の交点に一致する．四面体の外接球の中心は，各辺の垂直二等分面の交点に一致する．外接球の中心は，各辺の垂直二等分面上にある．これと ○9 のポイントを使う．

解 （1） △AOB, △AOC が直角三角形なので，三平方の定理を用いて，右図から， 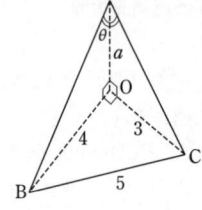
$AB=\sqrt{a^2+16}$
$AC=\sqrt{a^2+9}$
△ABC に余弦定理を用いて，
$\cos\theta=\dfrac{(\sqrt{a^2+16})^2+(\sqrt{a^2+9})^2-5^2}{2\cdot\sqrt{a^2+16}\cdot\sqrt{a^2+9}}$
$=\dfrac{a^2}{\sqrt{a^4+25a^2+144}}$
$\sin\theta=\sqrt{1-\cos^2\theta}=\sqrt{\dfrac{25a^2+144}{a^4+25a^2+144}}$

であるから，
$\triangle ABC=\dfrac{1}{2}\sqrt{a^2+16}\sqrt{a^2+9}\sin\theta=\dfrac{1}{2}\sqrt{25a^2+144}$

（2） 内接球 S_1 の中心を I，半径を r とする．四面体 OABC の体積は，I で四面体 OABC を切り分けてできた 4 つの四面体の体積の和になっている．すると，
(OABC)
=(IOAB)+(IOBC)+(IOCA)+(IABC) ……①
ここで，△OBC の 3 辺は 3, 4, 5 なので，∠BOC=90°
また，OA⊥△OBC
$(OABC)=\dfrac{1}{3}\cdot\triangle OBC\cdot OA=\dfrac{1}{3}\cdot\dfrac{1}{2}\cdot 4\cdot 3\cdot a$
$(IOAB)=\dfrac{1}{3}\cdot\triangle OAB\cdot r$,　$(IOBC)=\dfrac{1}{3}\cdot\triangle OBC\cdot r$
$(IOCA)=\dfrac{1}{3}\cdot\triangle OCA\cdot r$,　$(IABC)=\dfrac{1}{3}\cdot\triangle ABC\cdot r$
これを①に用いて，
$\dfrac{1}{3}\cdot 6a=\dfrac{1}{3}(\triangle OAB+\triangle OBC+\triangle OCA+\triangle ABC)r$
∴ $r=\dfrac{12a}{2(\triangle OAB+\triangle OBC+\triangle OCA+\triangle ABC)}$
$=\dfrac{12a}{4a+3\cdot 4+3a+\sqrt{25a^2+144}}$
$=\dfrac{\mathbf{12a}}{\mathbf{7a+12+\sqrt{25a^2+144}}}$

（3） 外接球の中心を P とする．PO=PB=PC なので，（○9 のポイントを用いて，）P から平面 OBC に下ろした垂線の足 H は △OBC の外心となる．
いま，△OBC は BC を斜辺とする直角三角形なので，BC は外接円の直径であり，外心は BC の中点である．よって，H は BC の中点である．

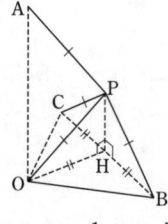

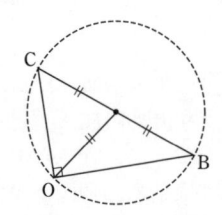

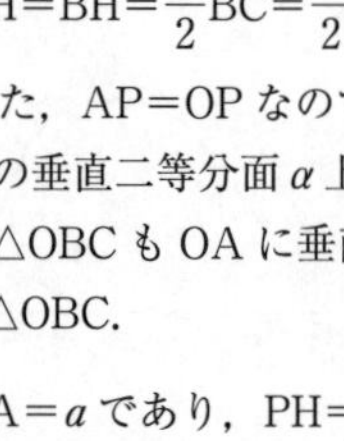

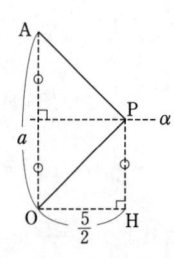

$OH=BH=\dfrac{1}{2}BC=\dfrac{5}{2}$

また，AP=OP なので，P は OA の垂直二等分面 α 上にある．α も △OBC も OA に垂直であり，α // △OBC．
OA=a であり，PH=$\dfrac{a}{2}$
∠OHP が直角なので，

$$\mathrm{OP}=\sqrt{\mathrm{OH}^2+\mathrm{PH}^2}=\sqrt{\left(\frac{a}{2}\right)^2+\left(\frac{5}{2}\right)^2}$$
$$=\boldsymbol{\frac{1}{2}\sqrt{a^2+25}}$$

8 （2）Dから出ている3本の辺の長さが等しいことに着目する.

解（1）$\cos A$
$$=\frac{6^2+5^2-13}{2\cdot 6\cdot 5}=\frac{48}{2\cdot 6\cdot 5}$$
$$=\frac{4}{5}$$ 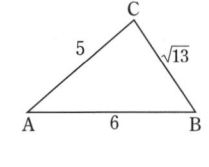
$$\sin A=\sqrt{1^2-\left(\frac{4}{5}\right)^2}=\frac{3}{5}$$
$$\triangle\mathrm{ABC}=\frac{1}{2}\cdot 6\cdot 5\cdot \sin A=\frac{1}{2}\cdot 6\cdot 5\cdot \frac{3}{5}=\boldsymbol{9}$$

（2）Dから△ABCに下ろした垂線の足をHとすると，DA=DB=DCによりHは△ABCの外心である.

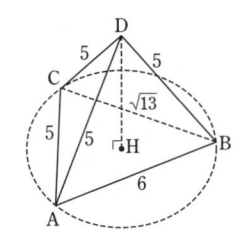

DH=h，△ABCの外接円の半径をRとする.

正弦定理より，
$$\mathrm{AH}=R=\frac{\mathrm{BC}}{2\sin A}=\frac{\sqrt{13}}{2\cdot\frac{3}{5}}=\frac{5\sqrt{13}}{6}$$
$$h=\sqrt{\mathrm{DA}^2-\mathrm{AH}^2}=\sqrt{5^2-\left(\frac{5\sqrt{13}}{6}\right)^2}=\frac{5\sqrt{23}}{6}$$

四面体ABCDの体積は，
$$\frac{1}{3}\triangle\mathrm{ABC}\cdot h=\frac{1}{3}\cdot 9\cdot\frac{5\sqrt{23}}{6}=\boldsymbol{\frac{5\sqrt{23}}{2}}$$

9 DA=DB=DCに着目して「三脚型」として見る. あるいは，AC=AD=BC=BDに着目して，p.105のようにして解く（☞別解）.

解 外接球の中心をPとする. DA=DB=DC，PA=PB=PCなので，D，Pから△ABCに下ろした垂線の足はともに△ABCの外心に一致する. これをHとおく.

∠ACB=θとおくと，
$$\cos\theta=\frac{2^2+2^2-3}{2\cdot 2\cdot 2}=\frac{5}{8}$$
$$\sin\theta=\sqrt{1-\left(\frac{5}{8}\right)^2}=\frac{\sqrt{39}}{8}$$

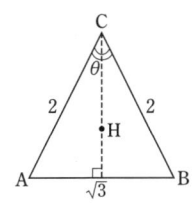

CHは△ABCの外接円の半径に等しく，正弦定理より，

$$\mathrm{CH}=\frac{\mathrm{AB}}{2\sin\theta}=\frac{\sqrt{3}}{2\cdot\frac{\sqrt{39}}{8}}=\frac{4}{\sqrt{13}}$$

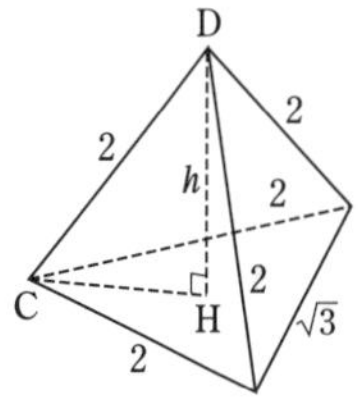

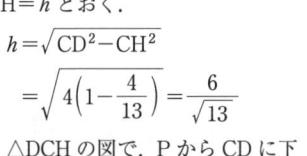

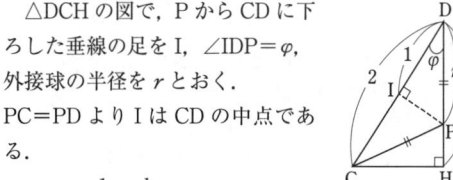

DH=hとおく.
$$h=\sqrt{\mathrm{CD}^2-\mathrm{CH}^2}$$
$$=\sqrt{4\left(1-\frac{4}{13}\right)}=\frac{6}{\sqrt{13}}$$

△DCHの図で，PからCDに下ろした垂線の足をI，∠IDP=φ，外接球の半径をrとおく.
PC=PDよりIはCDの中点である.
$$\cos\varphi=\frac{1}{r}=\frac{h}{2}$$
$$\therefore\ r=\frac{2}{h}=2\times\frac{\sqrt{13}}{6}=\boldsymbol{\frac{\sqrt{13}}{3}}$$

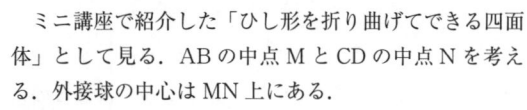

＊　　＊

ミニ講座で紹介した「ひし形を折り曲げてできる四面体」として見る. ABの中点MとCDの中点Nを考える. 外接球の中心はMN上にある.

別解 ABの中点をM，CDの中点をN，外接球の中心をPとする.

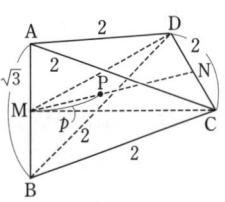

PはA，Bから等距離にあるので，ABの垂直二等分面である平面MCD上にある.

さらに，PはC，Dから等距離にあるので，平面MCD上のCDの垂直二等分線である直線MN上にある.
MN⊥CD，MN⊥ABである.

AN，BNは1辺が2の正三角形の高さなので$\sqrt{3}$.

これとAB=$\sqrt{3}$ により△ABNは1辺$\sqrt{3}$の正三角形であり，MNはこの高さなので，$\sqrt{3}\cdot\frac{\sqrt{3}}{2}=\frac{3}{2}$

MP=pとおくと，
$$\mathrm{AP}^2=\mathrm{AM}^2+\mathrm{MP}^2=\left(\frac{\sqrt{3}}{2}\right)^2+p^2\ \cdots\cdots\cdots①$$
$$\mathrm{CP}^2=\mathrm{PN}^2+\mathrm{NC}^2=\left(\frac{3}{2}-p\right)^2+1^2$$
AP=CPより，$\left(\frac{\sqrt{3}}{2}\right)^2+p^2=\left(\frac{3}{2}-p\right)^2+1^2$
$$\therefore\ 3p=\frac{10}{4}\quad\therefore\ p=\frac{5}{6}$$

これを①に代入して，
$$\mathrm{AP}=\sqrt{\left(\frac{\sqrt{3}}{2}\right)^2+\left(\frac{5}{6}\right)^2}=\sqrt{\frac{52}{36}}=\frac{2\sqrt{13}}{6}=\boldsymbol{\frac{\sqrt{13}}{3}}$$

10 例題と同様に対称面に着目しよう．なお，右頁の「ひし形を折り曲げてできる四面体」になっている．ACの中点とB, Dを結んで考える．

解 ACの中点を M とする．

BA＝BC により，
AC⊥MB であり，
$$MB = \sqrt{1-\left(\frac{x}{2}\right)^2}$$
DA＝DC により，AC⊥MD
も成り立ち，AB＝AD から
MB＝MD である．

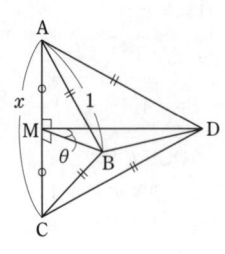

ここで，AC⊥MB，AC⊥MD より，AC⊥△BMD．
∠BMD＝θ とおくと，四面体の体積は，MB＝MD に注意して，

$$\frac{1}{3}\triangle BMD \cdot MA \cdot 2 = \frac{1}{3}\cdot\frac{1}{2}MB^2\sin\theta\cdot AC$$
$$= \frac{1}{6}\left(1-\frac{x^2}{4}\right)x\sin\theta$$

与えられた x に対して，θ は $0°<\theta<180°$ の範囲で自由に動かすことができるので，体積が最大になるのは $\theta=90°$ のとき．答えは，

$$\frac{1}{6}\left(1-\frac{x^2}{4}\right)x$$

➡**注** 四面体 ABCD は平面 BMD に関して対称．

ミニ講座・4
ひし形を折り曲げてできる四面体

p.97 の ○8 では，四面体のタイプとして三脚型を紹介しました．ここでは，もうひとつ重要な四面体のタイプを紹介しましょう．

> 四面体 ABCD において，
> AB＝BC＝CD＝DA
> を満たすとき（対辺 AC，BD 以外の 4 辺の長さが等しいとき），次が成り立つ． 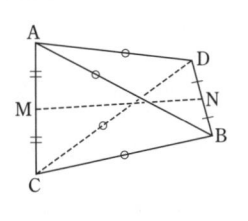
>
> ① AC の中点を M，BD の中点を N とすると，
>   AC⊥MN，BD⊥MN
> ② 平面 MBD，平面 NAC に関してそれぞれ面対称である．
> ③ 四面体 ABCD の体積 V は，
> $V = \dfrac{1}{6}\text{BD}\cdot\text{MN}\cdot\text{AC}$
> ④ 外接球の中心，内接球の中心は MN 上にある．

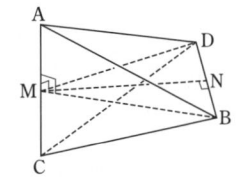

① △ABC，△ADC は二等辺三角形なので，B，D と AC の中点 M を結ぶと，
AC⊥MB，AC⊥MD となります．これより，
AC⊥平面 MBD が導かれます．
　ですから，平面 MBD 上の MN について，AC⊥MN となります．
　同様に，BD⊥MN を導くことができます．

② M が AC の中点で，AC⊥平面 MBD なので，四面体 ABCD は平面 MBD に関して対称になります．平面 NAC に関しても同様です．

③ $V = (\text{四面体 AMBD}) \times 2 = \dfrac{1}{3}\triangle\text{MBD}\cdot\text{AM}\times 2$
$= \dfrac{1}{3}\left(\dfrac{1}{2}\text{BD}\cdot\text{MN}\right)\cdot\text{AC} = \dfrac{1}{6}\text{BD}\cdot\text{MN}\cdot\text{AC}$

④ 対称性から考えて，外接球の中心，内接球の中心は，平面 MBD の上にも，平面 NAC の上にもあります．これから，2 面の交線の MN 上にあることが分かります．

なお，この立体を捉えるには，ひし形の紙を折ることを考えるとよいでしょう．対角線に沿って折ったとき，このひし形の 4 つの頂点が作る四面体は，続いた 4 辺の長さが等しいので上の性質を満たします（図 1）．

ただ，この立体の作り方だと 2 面が欠けています．1 辺の長さが等しい 2 つのひし形を組み合わせると，4 面を持った四面体を作ることができます（図 2）．

図 1

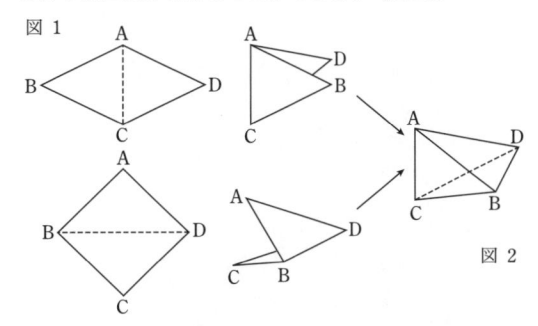

図 2

例題　四面体 ABCD で，
AB＝BC＝CD＝DA＝$\sqrt{110}$，AC＝10，BD＝14 のとき，この四面体の体積 V と外接球の半径 R，内接球の半径 r を求めよ．

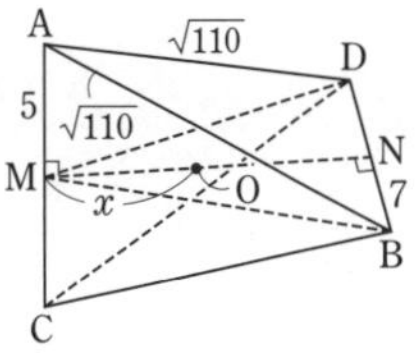

$AB^2 = AM^2 + MB^2$
　　　$= AM^2 + MN^2 + NB^2$
∴　$110 = 5^2 + MN^2 + 7^2$
∴　$MN = 6$
∴　$V = \dfrac{1}{6}\cdot 14\cdot 6\cdot 10 = \mathbf{140}$

外接球の中心を O とする．
OM＝x とすると，OA＝OB より，
$AM^2 + MO^2 = ON^2 + NB^2$
　∴　$5^2 + x^2 = (6-x)^2 + 7^2$　∴　$x = 5$
　∴　$\mathbf{R} = OA = \sqrt{5^2 + 5^2} = \mathbf{5\sqrt{2}}$

また，
$BM^2 = (\sqrt{110})^2 - 5^2 = 85$　∴　$BM = \sqrt{85}$
$AN^2 = (\sqrt{110})^2 - 7^2 = 61$　∴　$AN = \sqrt{61}$

表面積 S は，
$S = 2(\triangle ABC + \triangle ABD)$
$= 2\left(\dfrac{1}{2}\cdot 10\cdot\sqrt{85} + \dfrac{1}{2}\cdot 14\cdot\sqrt{61}\right)$
$= 10\sqrt{85} + 14\sqrt{61}$

$V = \dfrac{1}{3}Sr$ より，
$r = \dfrac{3V}{S} = \dfrac{3\cdot 140}{10\sqrt{85} + 14\sqrt{61}} = \mathbf{\dfrac{210}{5\sqrt{85} + 7\sqrt{61}}}$

データの分析

本章は，スペースの都合により，例題を見開き2ページで扱いました．また，演習題を省略しました．

■ 要点の整理　　　　　　　　　　　　　　　　　　　108

■ 例題
　1　分散，度数分布表，箱ひげ図　　　　　　　　　110
　2　平均値，中央値，散布図　　　　　　　　　　　112
　3　分散・相関係数　　　　　　　　　　　　　　　114

データの分析
要点の整理

1．データの整理・代表値など

1・1　データの整理
次のデータは，ある都市の30日間の日ごとの平均気温である．日ごとの平均気温のように，データの特性を表す数量を**変量**という．データの個数をデータの**大きさ**ともいう．

```
―――― データ（単位は℃）――――
19, 21, 21, 22, 20, 19, 21, 22, 21, 22,
21, 21, 20, 19, 18, 19, 21, 23, 25, 27,
27, 29, 25, 20, 22, 27, 29, 27, 26, 26
```

上のデータを，18℃から30℃までの間を3℃ずつの区間に分け，その区間に入っている日数をまとめたものが右表である．このように，データを整理するために用いる区間を**階級**，区間の幅を**階級の幅**，階級の真ん中の値を**階級値**という．

平均気温(℃)	度数
以上～未満	
18～21	8
21～24	12
24～27	4
27～30	6
計	30

また，それぞれの階級に入っているデータの個数をその階級の**度数**，各階級に度数を対応させたものを**度数分布**，それを上のように表にしたものを**度数分布表**という．

度数分布をグラフにした図が**ヒストグラム**であり，右図のようになる．

度数だとデータの個数が異なるデータどうしの比較がしにくい．そこで，

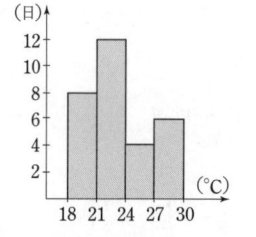

$$\text{相対度数} = \frac{\text{その階級の度数}}{\text{度数の合計}}$$

を用いる方法がある．

1・2　データの代表値
データの分布の中心の位置を表す数値を**代表値**という．代表値としては，平均値，中央値，最頻値がよく用いられる．

・**平均値**　$\text{平均値} = \dfrac{\text{データの値の総和}}{\text{データの個数}}$

⇒**注**　度数分布表だけが与えられたときの平均値は，

$\{(\text{階級値}) \times (\text{度数})\text{の総和}\} \div (\text{度数の合計})$ とする．

・**中央値**　すべてのデータの値を小さい順（同じ値が複数あるときはその個数だけ並べる）に並べた時，中央の位置にくる値を**中央値**または**メジアン**という．ただし，データの個数が偶数のとき，中央に2つの値が並ぶ．その2つの値の平均値を中央値とする．左のデータの場合，21.5℃である．

・**最頻値**　データにおいて，最も個数の多い値を**最頻値**または**モード**という．度数分布表の場合は，最も度数が多い階級の階級値をいう．最頻値は複数ある場合もある．

1・3　四分位数
すべてのデータの値を左から小さい順に並べて，中央値を境に右図のように2つの部分Ⓐ，Ⓑに分ける．

元のデータの中央値を第2四分位数，Ⓐの中央値を第1四分位数，Ⓑの中央値を第3四分位数といい，これらを合わせて**四分位数**という．

以下，第1～第3四分位数を，$Q_1 \sim Q_3$ で表す．

⇒**注**　四分位数の定義は他にもある．

1・4　箱ひげ図
箱ひげ図とは，右図のように，最小値，$Q_1 \sim Q_3$，最大値を箱と線（ひげ）で表した図のこと．平均値の位置を記入することもある．

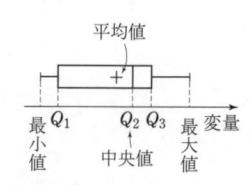

1・5　範囲・四分位範囲・四分位偏差
・**範囲**　データの最大値と最小値の差を**範囲**または**レンジ**という．

・**四分位範囲**　$Q_3 - Q_1$

・**四分位偏差**　$\dfrac{Q_3 - Q_1}{2}$

箱ひげ図との関係は，右図のようになる．

これらの値は，データの散らばりの度合いを表す量であり，大きいほどその度合いが大きいと考えられる．

2. 分散と標準偏差

2・1 偏差，分散，標準偏差

n 個のデータの値を $x_1, x_2, \cdots, x_n$ とし，その平均値を $\bar{x}$ とする．$x_1-\bar{x}, x_2-\bar{x}, \cdots, x_n-\bar{x}$ をそれぞれ $x_1, x_2, \cdots, x_n$ の平均値からの**偏差**という．偏差の平均値は常に 0 になる．

偏差を 2 乗した値 $(x_i-\bar{x})^2$ は 0 以上であり，x_i が $\bar{x}$ から離れているほど大きくなる．偏差を 2 乗してその平均値を求めると，データの散らばり具合が分かる．この値を**分散**といい，s^2 で表す．定義式は，

$$s^2 = \frac{1}{n}\{(x_1-\bar{x})^2+(x_2-\bar{x})^2+\cdots+(x_n-\bar{x})^2\}$$

分散 s^2 は，数値を 2 乗するため単位も変わる（例えば，[m] なら [m²]）ので，元と同じ単位になるように $\sqrt{分散}$ を考える．これを**標準偏差**といい s で表す．

2・2 分散の公式

$$(x \text{の分散}) = (x^2 \text{の平均値}) - (x \text{の平均値})^2$$

（証明）

$$s^2 = \frac{1}{n}\{(x_1-\bar{x})^2+(x_2-\bar{x})^2+\cdots+(x_n-\bar{x})^2\}$$

$$= \frac{1}{n}\{(x_1^2+\cdots+x_n^2) - 2\bar{x}(x_1+\cdots+x_n) + n(\bar{x})^2\}$$

$$= \frac{1}{n}(x_1^2+\cdots+x_n^2) - 2\bar{x}\cdot\frac{1}{n}(x_1+\cdots+x_n) + (\bar{x})^2$$

$$= \overline{x^2} - 2\bar{x}\cdot\bar{x} + (\bar{x})^2 = \overline{x^2} - (\bar{x})^2 \quad //$$

なお，実際に整数値のデータの分散を計算するときは，$\bar{x}$（平均値）が整数のときは定義通り，そうでないときは公式を使うのがよいだろう．

3. データの相関

3・1 散布図と相関

以下の表は 2011 年のプロ野球交流戦のデータである．横浜が主催したゲームについて，横浜が各試合で打ったヒットの数を x，得点を y とするデータである．

x	5	5	14	7	7	10	9	10	6	11	11	4
y	2	3	6	2	3	5	5	3	0	4	6	2

この表から，x, y の値の組を座標とする点を平面上にとると，右図になる．

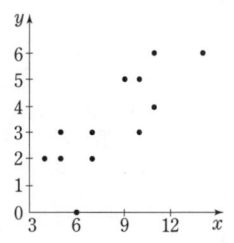

このような図を**散布図**という．

右図では，対応する x と y の値は一方が増加すると他方も増加する傾向にある．このとき，2 つの変量 x, y の間に**正の相関関係**があるという．

また，x と y の間に一方が増加すると他方が減少する傾向があるとき，2 つの変量の間に**負の相関関係**があるという．どちらの傾向も見られないときは，相関関係がないという．

3・2 相関係数

2 つの変量 x, y のデータが n 個の組として，

$$(x_1, y_1), (x_2, y_2), \cdots, (x_n, y_n)$$

で与えられているとする．また，x, y の平均値を $\bar{x}$, $\bar{y}$，標準偏差を s_x, s_y とする．

$(x_i-\bar{x})(y_i-\bar{y})$ の符号は右図のようになり，正の相関関係があれば I，III の部分に，負の相関関係があれば II，IV の部分に点が多く集まる傾向がある．したがって，$(x_i-\bar{x})(y_i-\bar{y})$ の平均値……① は，正の相関関係があるときには正の値をとり，負の相関関係があるときには負の値をとる．①を x, y の**共分散**といい，s_{xy} で表す．

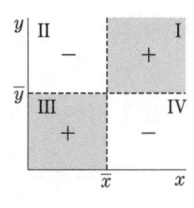

$$s_{xy} = \frac{1}{n}\{(x_1-\bar{x})(y_1-\bar{y})+\cdots+(x_n-\bar{x})(y_n-\bar{y})\}$$

相関関係の強弱を見るために，共分散 s_{xy} を x, y の標準偏差 s_x, s_y の積で割った値

$$r = \frac{s_{xy}}{s_x s_y}$$

を考える．これを**相関係数**という．相関係数 r については，$-1 \leqq r \leqq 1$ が成り立つ．

とくに正の相関関係が強いほど r の値は 1 に近づき，負の相関関係が強いほど r の値は -1 に近づく．

1 分散，度数分布表，箱ひげ図

次の表は，P高校のあるクラス20人について，数学と国語のテストの得点をまとめたものである．数学の得点を変量x，国語の得点を変量yで表し，x, yの平均値を$\bar{x}$, $\bar{y}$で表す．ただし，表の数値はすべて正確な値であり，四捨五入されていないものとする．

生徒番号	x	y	$x-\bar{x}$	$(x-\bar{x})^2$	$y-\bar{y}$	$(y-\bar{y})^2$	$(x-\bar{x})(y-\bar{y})$
1	62	63	3.0	9.0	2.0	4.0	6.0
⋮	⋮	⋮	⋮	⋮	⋮	⋮	⋮
20	57	63	−2.0	4.0	2.0	4.0	−4.0
合計	A	1220	0.0	1544.0	0.0	516.0	−748.0
平均	B	61.0	0.0	77.2	0.0	25.8	−37.4
中央値	57.5	62.0	−1.5	30.5	1.0	9.0	−14.0

以下，小数の形で解答する場合は，指定された桁数の一つ下の桁を四捨五入し，解答せよ．途中で割り切れた場合は，指定された桁まで0を入れよ．

(1) 生徒番号1の生徒の$x-\bar{x}$の値が3.0であることに着目すると，表中のBの値は，ア イ ． ウ であり，Aの値は エ オ カ キ である．

(2) 変量xの分散は ク ケ ． コ である．

(3) $z=x+y$とおくと，この場合の変量zの平均値$\bar{z}$は サ シ ス ． セ である．また，変量zの分散は$(z-\bar{z})^2=(x-\bar{x})^2+(y-\bar{y})^2+2(x-\bar{x})(y-\bar{y})$の平均であるから，

  （zの分散） ソ ｛（xの分散）＋（yの分散）｝

が成立．ただし， ソ については，当てはまるものを，次の⓪～②のうちから一つ選べ．

  ⓪ ＞   ① ＝   ② ＜

さらに，P高校の20人の数学の得点とQ高校のあるクラス25人の数学の得点を比較するために，それぞれの度数分布表を作ったところ，右のようになった．

(4) 二つの高校の得点の中央値については， タ ． タ に当てはまるものを，次の⓪～③から一つ選べ．

  ⓪ P高校の方が大きい
  ① Q高校の方が大きい
  ② P高校とQ高校で等しい
  ③ 与えられた情報からその大小を判定できない

(5) 度数分布表からわかるQ高校の得点の平均値のとり得る範囲は チ ツ ． テ 以上 ト ナ ． ニ 以下である．また(1)よりP高校の得点の平均値は ア イ ． ウ であるから，二つの高校の得点の平均値については ヌ ． ヌ に当てはまるものを，次の⓪～③から一つ選べ．

  ⓪ P高校の方が大きい   ① Q高校の方が大きい   ② P高校とQ高校で等しい
  ③ 与えられた情報からその大小を判定できない

(6) 次の記述のうち，誤っているものは ネ である． ネ に当てはまるものを，次の⓪～③から一つ選べ．

階　　級	P高校	Q高校
以上　　以下		
35 ～ 39	0	5
40 ～ 44	0	5
45 ～ 49	3	0
50 ～ 54	4	0
55 ～ 59	6	0
60 ～ 64	3	10
65 ～ 69	1	2
70 ～ 74	0	2
75 ～ 79	3	1
計	20	25

⓪ 40点未満の生徒の割合は，Q高校の方が大きい．
① 54点以下の生徒の割合は，Q高校の方が大きい．
② 65点以上の生徒の割合は，Q高校の方が大きい．
③ 70点以上の生徒の割合は，P高校の方が大きい．

（7）右の⓪〜③のうち，P高校の得点のデータの箱ひげ図として適切なものは ノ であり，Q高校の得点のデータの箱ひげ図として適切なものは ハ である．

（センター試験，改題）

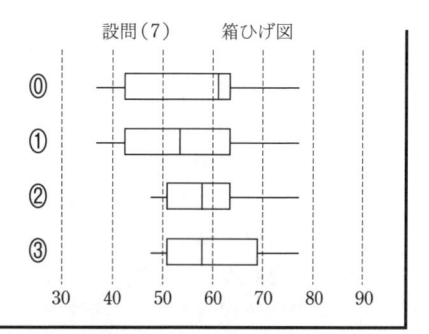

> **平均と総和** （平均）×（データの個数）＝（総和）
>
> **分散** 分散は，偏差 $x-\bar{x}$ の2乗の平均である．つまり $(x-\bar{x})^2$ の平均である．
>
> **中央値** データの値を小さい順に並べたとき，中央にくる値のことである．データの個数が偶数のときは，中央にくる2つのデータの値の平均である．
>
> **度数分布表と中央値，平均値** 度数分布表から，中央値が入っている階級が分かる．また，平均値は，とり得る範囲が分かる．その最小値は，各階級の全員がその階級の最低点をとったときの値である．
>
> **箱ひげ図** データの値を小さい順に並べて，その両端の最小値，最大値とデータをほぼ4分割する3つの数から構成されている．まん中の縦線は中央値（平均値ではない．平均値を箱ひげ図に記入するときは + で表す）であり，他の縦線も中央値を利用して定義されている（☞ p.108）．

解 答

（1） B の値は，$\bar{x}=x-(x-\bar{x})=62-3.0=\mathbf{59.0}$

20人の平均点が59.0点だから，合計点は，$A=59.0\times 20=\mathbf{1180}$

（2） 分散 s_x^2 は $(x-\bar{x})^2$ の平均だから，表から，$s_x^2=\mathbf{77.2}$

（3） $\bar{z}=\bar{x}+\bar{y}=59.0+61.0=\mathbf{120.0}$

$(z-\bar{z})^2=(x-\bar{x})^2+(y-\bar{y})^2+2(x-\bar{x})(y-\bar{y})$ により，

（zの分散）＝（xの分散）＋（yの分散）＋2$(x-\bar{x})(y-\bar{y})$ の平均

表から，～～＜0 であるから，

（zの分散）＜（xの分散）＋（yの分散） （答えは②）

（4） P高校の中央値は，左上の表から57.5点である．

一方，Q高校の中央値は，得点を小さい順に並べたとき，13番目の得点である．⇦ 25人の得点の中央値
これは60〜64点の階級に入っている．

よって，中央値はQ高校の方が大きい．（答えは①）

（5） 各階級の全員が，その階級の最低点をとったときの平均点は，

$(35\cdot 5+40\cdot 5+60\cdot 10+65\cdot 2+70\cdot 2+75\cdot 1)\div 25$

$=7+8+24+5.2+5.6+3=52.8$

各階級の最高点と最低点の差は4点なので，各階級の全員が，その階級の最高点をとったときの平均点は $52.8+4=56.8$ 点．よって，Q高校の平均点の範囲は **52.8** 点以上 **56.8** 点以下であり，（1）により，平均値はP高校の方が大きい．（答えは⓪）

（6） 65点以上の割合は，どちらも20%であるから，答えは②．

（7） 最低点と最高点から，P高校は②か③，Q高校は⓪か①である．（4）により，Q高校の中央値は60点以上であるから，Q高校は⓪である．P高校の第3四分位数は，得点が上から5, 6番目の平均で，上から5番目と6番目は60〜64の ⇦ 上位10人の中央値
階級に入っているから，P高校は②である．

2 平均値，中央値，散布図

右の表は，10名からなるある少人数クラスをⅠ班とⅡ班に分けて，100点満点で2回ずつ実施した数学と英語のテストの得点をまとめたものである．ただし，表中の平均値はそれぞれ1回目と2回目の数学と英語のクラス全体の平均値を表している．

以下，小数の形で解答する場合は，指定された桁数の一つ下の桁を四捨五入し，解答せよ．途中で割り切れた場合は指定された桁まで0を入れよ．

班	番号	1回目 数学	1回目 英語	2回目 数学	2回目 英語
Ⅰ	1	40	43	60	54
	2	63	55	61	67
	3	59	B	56	60
	4	35	64	60	71
	5	43	36	C	80
Ⅱ	1	A	48	D	50
	2	51	46	54	57
	3	57	71	59	40
	4	32	65	49	42
	5	34	50	57	69
平均値		45.0	E	58.9	59.0

(1) 1回目の数学の得点について，Ⅰ班の平均値は アイ．ウ 点である．また，A は エオ である．

(2) 1回目の英語の得点について，B の値がわからないとき，クラス全体の得点の中央値 M として カ 通りの値があり得る．ただし，B の値は整数とする．実際は E が 54.0 点であった．したがって B は キク 点と定まり，中央値 M は ケコ．サ 点である．

(3) 2回目の数学の得点について，Ⅰ班の平均値はⅡ班の平均値より 4.6 点大きかった．したがって，$C - D = $ シ である．

(4) 1回目のクラス全体の数学と英語の得点の散布図は， ス であり，2回目のクラス全体の数学と英語の得点の散布図は， セ である． ス ， セ に当てはまるものを，それぞれ次の⓪～③のうちから一つずつ選べ．

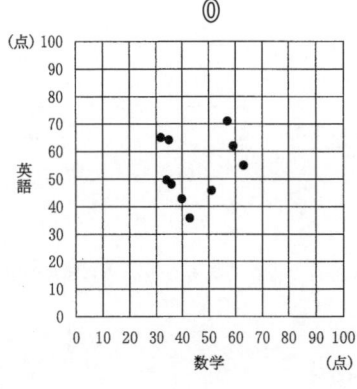

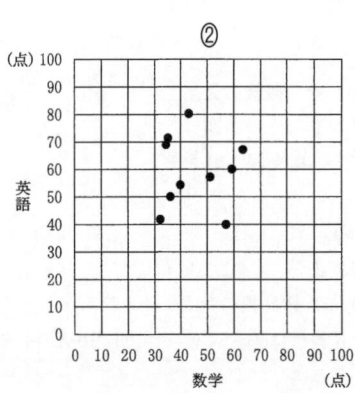

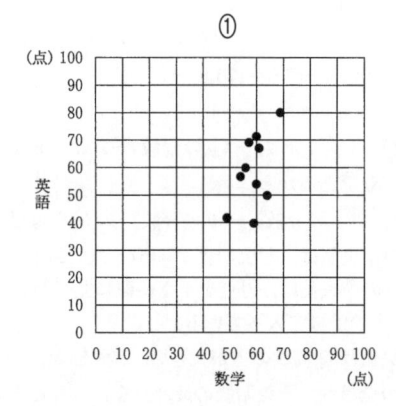

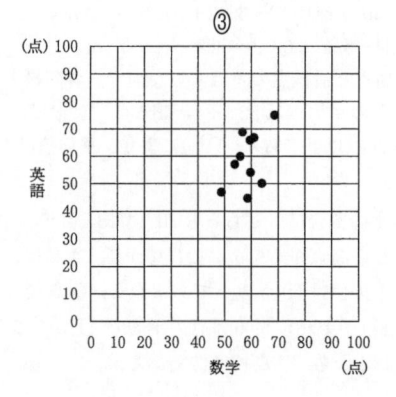

また，1回目のクラス全体の数学と英語の得点の相関係数を r_1，2回目のクラス全体の数学と英語の得点の相関係数を r_2 とするとき，値の組 (r_1, r_2) として正しいものは ソ である．
ソ に当てはまるものを，次の⓪～③のうちから一つ選べ．
　　⓪ $(0.54, 0.20)$　　① $(-0.54, 0.20)$　　② $(0.20, 0.54)$　　③ $(0.20, -0.54)$

(センター試験の一部)

（中央値について）データが10個なので，中央値は小さい方から5番目と6番目の平均である．(2)のカでは，B が中央値に関与するときとしないときに分けて考える．

○○○○○○○○○○
　　　　　└┘
　　　　　平均

（散布図は消去法で選ぶ）散布図を選ぶ問題では，数学の得点が最大・最小など，特殊な人（を表す点）に着目して選ぶ．すべてを確認する必要はない．

（相関係数は散布図の印象で選ぶ）散布図があって相関係数の選択肢が与えられている問題では，通常，相関係数は計算せずに散布図の印象で選ぶ．ポイントは，散布図の点の分布が
　① 右上がりか右下がりか（右上がりなら相関係数は正，右下がりなら負）
　② 直線に近いか広がりが大きいか（直線に近いときは ±1 に近く，広がりが大きいと 0 に近い）
の2つである．

解　答

（1）Ⅰ班の1回目の数学の得点の平均値は，
　　$(40+63+59+35+43) \div 5 = 240 \div 5 = \mathbf{48.0}$
　A については，$240 + A + 51 + 57 + 32 + 34 = 45.0 \times 10$ より $\mathbf{A = 36}$
（2）1回目の英語の得点を，B を除いて小さい方から並べると
　　　36，43，46，48，50，55，64，65，71
である．$B \leq 48$ のときは $\underline{M = 49}$，$49 \leq B \leq 54$ のときは M は B と 50 の平均，　　⇐48と50の平均．
$B \geq 55$ のときは $M = 52.5$ であるから，M の値は $1+6+1 = \mathbf{8}$ 通り．　　⇐8通りすべて異なる．
　$E = 54.0$ のとき $36+43+46+48+50+55+64+65+71+B = 540$ だから $\mathbf{B = 62}$
と定まり，$\mathbf{M = 52.5}$．
（3）$(60+61+56+60+C) \div 5 = (D+54+59+49+57) \div 5 + 4.6$
より $\underline{237+C = D+219+23}$．よって $\mathbf{C - D = 5}$　　⇐両辺5倍．
（4）ス：1回目の英語の得点の範囲は36～71なので⓪
セ：Ⅱ班4番の（49, 42）がプロットされるので①
ソ：1回目の⓪の散布図は，点が右上がりに分布していて広がりが大きい．2回目の①の散布図は，点が右上がりに分布していて広がりは小さい．
　よって，相関係数の組は②の $(0.20, 0.54)$ が正しい．

3 分散・相関係数

ある高等学校のAクラスには全部で20人の生徒がいる．右の表は，その20人の生徒の国語と英語のテストの結果をまとめたものである．表の横軸は国語の得点を，縦軸は英語の得点を表し，表中の数値は，国語の得点と英語の得点の組み合わせに対応する人数を表している．ただし，得点は0以上10以下の整数値をとり，空欄は0人であることを表している．たとえば，国語の得点が7点で英語の得点が6点である生徒の人数は2である．

また，右の表2は，Aクラスの20人について，上の表の国語と英語の得点の平均値と分散をまとめたものである．ただし，表の数値はすべて正確な値であり，四捨五入されていない．

以下，小数の形で解答する場合，指定された桁数の一つ下の桁を四捨五入し，解答せよ．途中で割り切れた場合，指定された桁まで0を入れよ．

表1
(点)

英語＼国語	0	1	2	3	4	5	6	7	8	9	10
10											
9											
8							1		1		
7						5					
6					4	1	1	2			
5							2				
4				1	1						
3				1							
2											
1											
0											

表2

	国語	英語
平均値	B	6.0
分散	1.60	C

(1) Aクラスの20人のうち，国語の得点が4点の生徒は ア 人であり，英語の得点が国語の得点以下の生徒は イ 人である．

(2) Aクラスの20人について，国語の得点の平均値Bは ウ . エ 点であり，英語の得点の分散Cの値は オ . カキ である．

(3) Aクラスの20人のうち，国語の得点が平均値 ウ . エ 点と異なり，かつ英語の得点も平均値6.0点と異なる生徒は ク 人である．

Aクラスの20人について，国語の得点と英語の得点の相関係数の値は ケ . コサシ である．

(4) 国語のテストについて，採点基準を変更したところ，3点の2人がいずれも4点に，7点の2人がいずれも6点になった．その他の16人の得点に変更は生じなかった．このとき，変更後の平均値は ス する．また，変更後の分散は セ する． ス ， セ に当てはまるものを，それぞれ次の⓪～②のうちから一つずつ選べ．

⓪ 変更前より減少　　① 変更前と一致　　② 変更前より増加

(センター試験を改題・合成)

(**分散は偏差の2乗の平均**) (2)では，英語の平均値が整数なので，分散は公式（2乗の平均 − 平均の2乗）よりも定義（偏差の2乗の平均）を使う方がよい（☞ p.109）．解答の表のように，得点ごとの人数をまとめておこう．なお，注も参照．

(4)のセは，計算してもできるが分散の定義を考えれば計算せずに答えられる．偏差の絶対値は平均に近づくほど小さく（平均から遠ざかるほど大きく）なるから，平均に近づくか平均から遠ざかるかがわかれば分散が減少するか増加するかがわかる．

(**共分散は偏差の積の平均**) 相関係数rは，標準偏差s_x, s_yと共分散s_{xy}を用いて$r = \dfrac{s_{xy}}{s_x s_y}$と定義される．共分散は，偏差の積$(x-\bar{x})(y-\bar{y})$の平均である．$x=\bar{x}$または$y=\bar{y}$であれば$(x-\bar{x})(y-\bar{y})=0$となるから，$x \neq \bar{x}$かつ$y \neq \bar{y}$であるような ク 人について計算する．

▣ 解 答 ▣

（1） 国語の得点が4点の生徒は
$4+1=$ **5人**

英語の得点が国語の得点以下の生徒は，網目部分の
$1+1+2+2+1+1=$ **8人**

（2） 国語の得点 x について

x	3	4	5	6	7	8
人数	2	5	8	2	2	1

となるから，平均は
$(3\times2+4\times5+5\times8+6\times2$
$\quad +7\times2+8\times1)\div20$
$=100\div20=$ **5.0**   ⇦ $6+20+40+12+14+8$

英語の得点 y について，右表のようになるから，分散は
$(9\times1+4\times2+1\times2$
$\quad +1\times5+4\times2)\div20$
$=32\div20=$ **1.60**   ⇦ $9+8+2+5+8$

y	3	4	5	6	7	8
人数	1	2	2	8	5	2
$y-\bar{y}$	-3	-2	-1	0	1	2
$(y-\bar{y})^2$	9	4	1	0	1	4

（3） $x\neq\bar{x}$ かつ $y\neq\bar{y}$ である生徒は **5人** である．この5人については右表のようになるから，x と y の共分散は
$\{(-2)(-3)+(-2)(-2)$
$\quad +(-1)(-2)+1\times2+3\times2\}\div20$
$=20\div20=1$

x	3	3	4	6	8
y	3	4	4	8	8
$x-\bar{x}$	-2	-2	-1	1	3
$y-\bar{y}$	-3	-2	-2	2	2

⇦ この5人以外は
$(x-\bar{x})(y-\bar{y})=0$

⇦ 全体の人数20で割る

よって，求める相関係数は
$$\frac{1}{\sqrt{1.6}\sqrt{1.6}}=\frac{1}{1.6}=\mathbf{0.625}$$

（4） 2人が3点⇨4点，2人が7点⇨6点なので，20人の得点の合計は変更前と変更後で変わらない．よって，変更後の平均値は変更前と一致する(**①**)．

平均値は5点であるから，偏差の絶対値について，得点が変更された4人は減少してその他の16人は変わらない．よって，分散は変更前より減少する(**⓪**).   ⇦ 偏差の2乗の和は減少．

➡ **注** （2）の2つの表の「人数」を見くらべると，
$(x-\bar{x}=1$ の人数$)=(y-\bar{y}=-1$ の人数$)$
$(x-\bar{x}=-1$ の人数$)=(y-\bar{y}=1$ の人数$)$
一般に $(x-\bar{x}=k$ の人数$)=(y-\bar{y}=-k$ の人数$)$ $(k=0,\ \pm1,\ \pm2,\ 3)$
となっている．よって，分散 (k^2 の平均) を求める式は x と y で同じになり，y の分散は計算せずに（与えられている数値を見て）1.60 と答えられる．

⇦

x	3	4	5	6	7	8
y	8	7	6	5	4	3
人数	2	5	8	2	2	1

あ と が き

本書をはじめとする『1対1対応の演習』シリーズでは，スローガン風にいえば，

　　志望校へと続く

バイパスの整備された幹線道路を目指しました．この目標に対して一応の正解のようなものが出せたとは思っていますが，100点満点だと言い切る自信はありません．まだまだ改善の余地があるかもしれません．お気づきの点があれば，どしどしご質問・ご指摘をしてください．

本書の質問や「こんな別解を見つけたがどうだろう」というものがあれば，"東京出版・大学への数学・編集部宛（住所は下記）"にお寄せください．

質問は原則として封書（宛名を書いた，切手付の返信用封筒を同封のこと）を使用し，**1通につき1件**でお送りください（電話番号，学年を明記して，できたら在学（出身）校・志望校も書いてください）．

なお，ただ漠然と'この解説が分かりません'という質問では適切な回答ができませんので，'この部分が分かりません'とか'私はこう考えたがこれでよいのか'というように具体的にポイントをしぼって質問するようにしてください（以上の約束を守られないものにはお答えできないことがありますので注意してください）．

毎月の「大学への数学」や増刊号と同様に，読者のみなさんのご意見を反映させることによって，100点満点の内容になるよう充実させていきたいと思っています．

（坪田）

小社のホームページ上に「1対1対応の演習」の部屋があります．本書の読者向けのミニ講座などを掲載しています．
http://www.tokyo-s.jp/1to1/
にアクセスして下さい．

大学への数学
1対1対応の演習／数学Ⅰ[新訂版]

平成24年 3月30日　第 1 刷発行
令和 4 年 1月20日　第16刷発行

編　者　東京出版編集部
発行者　黒木美左雄
発行所　株式会社　東京出版
　　　　〒150-0012　東京都渋谷区広尾3-12-7
　　　　電話 03-3407-3387　振替 00160-7-5286
　　　　https://www.tokyo-s.jp/

製版所　日本フィニッシュ
印刷所　光陽メディア
製本所　技秀堂

ⓒTokyo shuppan 2012 Printed in Japan
ISBN978-4-88742-178-3　（定価はカバーに表示してあります）